Ulrich Nagel

Nachtragsmanagement in Bauprojekten - Teil 3

„Bauzeitnachträge"

Nachtragsforderungen aus Behinderung und Beschleunigung der Arbeiten

Ulrich Nagel

Nachtragsmanagement In Bauprojekten

Teil 3

„Bauzeitnachträge“

Nachtragsforderungen aus Behinderung und Beschleunigung der Arbeiten

Bibliografische Information der Deutschen Nationalbibliothek: Die Deutsche Nationalbibliothek verzeichnet diese Publikation in der Deutschen Nationalbibliografie; detaillierte bibliografische Daten sind im Internet über http://dnb.dnb.de abrufbar.

Verlag: BoD · Books on Demand GmbH, Überseering 33, 22297 Hamburg, bod@bod.de

Druck: Libri Plureos GmbH, Friedensallee 273, 22763 Hamburg

ISBN: 978-3-6963-5689-7

Inhalt

- **Dieses Buch ist nicht nach der Struktur des Baurechtes gegliedert, sondern nach den aus verschiedenen praktischen Situationen sich ergebenden unterschiedlichen Kalkulationsverfahren.**

- **Die Beispielrechnungen werden tabellarisch dargestellt, um die Vergütungsänderungen deutlich hervorzuheben. Dies ist bei der Kalkulation und im Schriftverkehr zu Nachträgen nicht üblich. Die Gedanken sind in der Praxis in einer „fortlaufenden" Rechnung darzustellen.**

Im Interesse der besseren Lesbarkeit und logischen Vorgehensweise, werden einzelne Textteile und Bilder aus den Teilen 1 und 2 wiederholt.

Vorbemerkung

Unter dem Begriff „Bauzeitnachträge“ werden hier Nachträge aus Behinderung und Beschleunigung der Arbeiten zusammengefasst. Vielfältige Ursachen führen zu Ansprüchen des Auftragnehmers auf Mehrvergütung und/oder Verlängerung der Bauzeit. Dies führt zwangsläufig dazu, dass bei Bauvorhaben Änderungen zum geplanten (und vereinbarten) Ablauf entstehen. Im weitesten Sinne sind dies „hindernde Umstände“ (umgangssprachlich auch „Behinderungen im Bauablauf“) für die Auftragnehmer. Ihnen können daraus neben der notwendigen Änderung der zeitlichen Disposition Ansprüche auf Vergütung bzw. Schadenersatz entstehen.

1 Arten von Behinderungen der Arbeiten und Ursachen für die Änderung der Ausführungszeit

Eine vollständige Beschreibung der vereinbarten Leistungen umfasst die im folgenden Schema dargestellten Elemente.

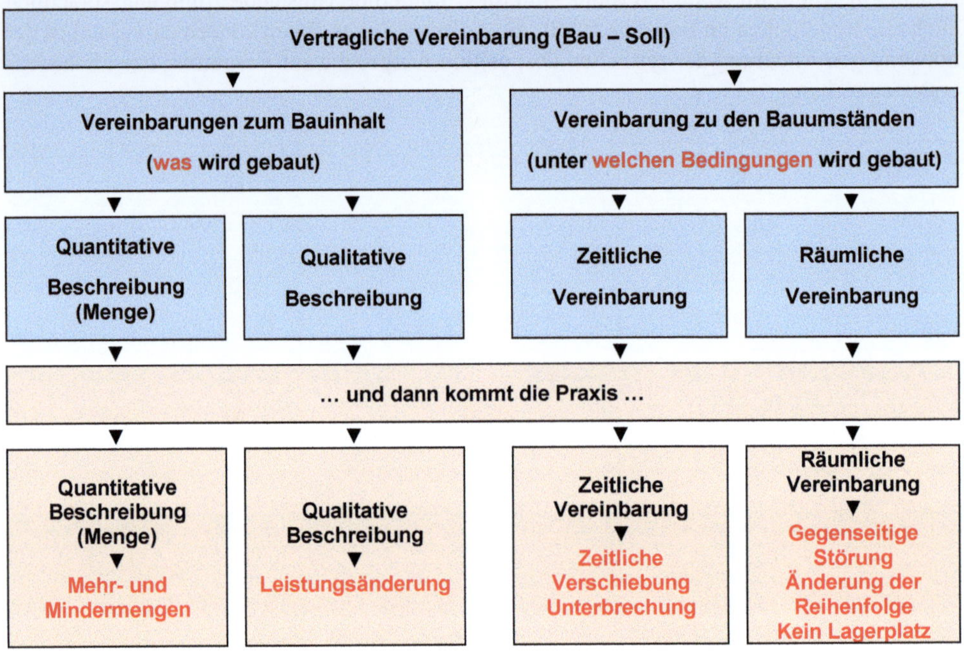

Vergleicht man die Ausschreibungen und Verträge in der Praxis mit dem Anspruch einer vollständigen und exakten Beschreibung (auch der Bauumstände), muss festgestellt werden, dass viele Ausschreibungen und Verträge zu ungenau bzw. lückenhaft sind. Die daraus resultierenden unterschiedlichen Vorstellungen von Auftraggeber und Auftragnehmer zum Bau-Soll bilden die Grundlage für häufig sehr umfangreiche Konflikte. **Da als Voraussetzung für einen Nachtrag die Abweichung des Bau-Ist vom Bau-Soll ist, gelingt es dem Auftragnehmer nur dann rechtssicher seine Forderungen zu begründen und durchzusetzen, wenn das Bau-Soll im Vertrag klar definiert ist.**

Die Bauausführung kann behindert werden durch

1. Umstände aus dem Risikobereich des Auftraggebers (Bauherr),
2. Umstände, die der Bauunternehmer zu vertreten hat,
3. Umstände, die weder der Bauherr noch der Bauunternehmer zu vertreten haben.

Zu 1. Zu den Umständen aus dem Risikobereich des Auftraggebers gehören u.a.:

- fehlende Genehmigungen,
- fehlende Absteckung der Hauptachsen und fehlende Höhenfestpunkte,
- fehlende Entscheidungen des Bauherren (z. B. auch zu Alternativpositionen),
- mangelnde Baufreiheit durch unzureichende Koordinierung der Bauunternehmen durch den Bauherren (bzw. seinen Architekten/Ingenieurbüro),
- unvollständige oder mangelhafte Leistungen des Architekten bzw. anderer an der Planung Beteiligter,
- vereinbarte oder geforderte Sicherheit durch den Auftraggeber nicht gestellt, [1]
- Zahlungen nicht vertragsgemäß (zu spät, zu niedrig),[1]
- Zahlungseinbehalte nicht gesichert (z. B. nach VOB/B § 17 Abs. 6), [1]
- nicht vorgesehene Eingriffe des Bauherren oder seines Architekten in den Bauablauf,
- Mengenmehrungen,
- Leistungsänderungen,
- fehlende Entscheidung zum Nachtrag mit echter Wahlmöglichkeit,
- auf Bedenken mit Fristsetzung zur Reaktion nicht reagiert,
- geforderte Ausführung trotz Anmeldung von Bedenken wegen unberechtigter oder unzweckmäßiger Anordnungen durch den Auftragnehmer,
- Widerrufsfrist beim Verbraucher noch nicht abgelaufen,
- Keine Einigung aufgrund eines Änderungsbegehrens zum Werkerfolg gem. BGB § 650b.

Aus dieser Gruppe können Ansprüche des Bauunternehmers gegenüber dem Bauherren auf Fristverlängerung, Vergütung und Schadenersatz[2] entstehen. In der täglichen Praxis ist man häufig froh, wenn aufgrund einer Behinderung der Bauarbeiten eine längere Bauzeit zugebilligt wird, und wenn bei Mehrleistungen auch eine höhere Vergütung erzielt wird. Die jeweils andere Wirkung wird häufig vergessen.

Zu 3. Anspruch des Auftragnehmers nur auf Verlängerung der Bauzeit, nicht auf Geld

VOB/B § 6 Behinderung und Unterbrechung der Ausführung *(2) 1. Ausführungsfristen werden verlängert, soweit die Behinderung verursacht ist: ...:* *b) durch Streik oder eine von der Berufsvertretung der Arbeitgeber angeordnete Aussperrung im Betrieb des Auftragnehmers oder in einem unmittelbar für ihn arbeitenden Betrieb,* *c) durch höhere Gewalt oder andere für den Auftragnehmer unabwendbare Umstände.*

[1] nach Setzen einer Nachfrist durch den Auftragnehmer und Einstellen der Arbeiten nach fruchtlosem Ablauf der Nachfrist.

[2] Bei zulässigen Eingriffen natürlich kein Schadenersatz

2 Erläuterungen und Rechtsquellen zu einzelnen hindernden Umständen

fehlende Genehmigungen

1. Auf ein Verschulden des Auftraggebers kommt es im Rahmen von § 6 Abs. 2 Nr. 1a VOB/B nicht an, sondern die Bauzeit wird zu Gunsten des Auftragnehmers schon dann verlängert, wenn der die Behinderung verursachende Umstand aus dem Risiko- bzw. Einflussbereich bzw. der Sphäre des Auftraggebers stammt.*)
2. Dies ist insbesondere dann der Fall, wenn vom Auftraggeber bereitzustellende Baugenehmigungen oder sonstige Genehmigungen bzw. Erlaubnisse (vgl. auch § 4 Abs. 1 Nr. 1 Satz 2 VOB/B) bzw. bauseits bzw. durch Vor- bzw. andere Unternehmer zu stellende Baustoffe/-materialien bzw. Anlagenkomponenten - auch mangels notwendiger Freigabe - zeitweise nicht zur Verfügung stehen.*)
OLG Düsseldorf, Urteil vom 28.02.2014 - 22 U 112/13 *) amtliche Leitsätze [3]

fehlende Entscheidungen des Bauherren (z. B. auch zu Alternativpositionen)

Gibt der Auftraggeber nach einer Bemusterung das vorgeschlagene, den vertraglichen Vorgaben entsprechende Produkt nicht rechtzeitig zur Ausführung frei, steht dem Auftragnehmer ein Anspruch auf Schadensersatz aus § 6 Nr. 6 VOB/B zu.
OLG Dresden, Urteil vom 31.08.2011 - 1 U 1682/10 [4]

mangelnde Baufreiheit durch unzureichende Koordinierung der Bauunternehmen durch den Bauherren (bzw. seinen Architekten/Ingenieurbüro)

> *VOB/B § 4 Ausführung*
> *(1) 1. Der Auftraggeber hat für die Aufrechterhaltung der allgemeinen Ordnung auf der Baustelle zu sorgen und **<u>das Zusammenwirken der verschiedenen Unternehmer zu regeln.</u>** Er hat die erforderlichen öffentlich-rechtlichen Genehmigungen und Erlaubnisse – z.B. nach dem Baurecht, dem Straßenverkehrsrecht, dem Wasserrecht, dem Gewerberecht – herbeizuführen.*

Ein Bauherr genügt seiner Koordinierungspflicht, wenn er zwei Handwerker unterschiedlicher Gewerke zusammenführt und sich beide absprechen können.
OLG Hamm, Urteil vom 09.06.1998 - 21 U 185/97 [5]

Kommt ein Auftraggeber seiner Koordinierungspflicht nach § 4 Nr. 1 VOB/B nicht ausreichend nach, so haftet er dem Bauunternehmer für vergeblich aufgewendete Kosten nach den Grundsätzen der positiven Vertragsverletzung. Dies gilt auch bei fehlerhaften Anordnungen des eingeschalteten Architekten. OLG Köln, Urteil vom 04.02.1994 - 19 U 162/93[6]

---

[3] Aus IBR
[4] Aus IBR
[5] Aus IBR
[6] Aus IBR

Mangelnde Koordinierung durch den AG kann ggf. durch Leistungsabfall der eigenen Mitarbeiter deutlich werden. Für die Beschleunigung der Arbeiten wird die notwendige Kapazitätsverstärkung häufig unterschätzt.

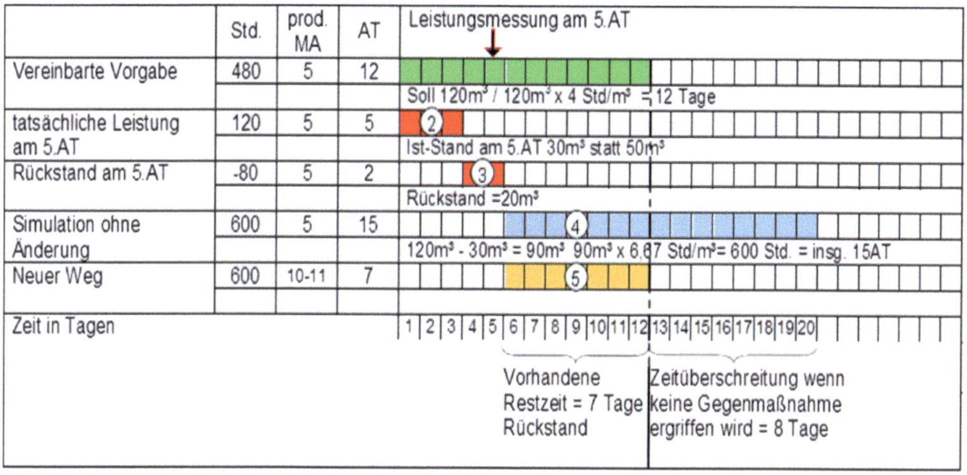

unvollständige oder mangelhafte Leistungen des Architekten bzw. anderer an der Planung Beteiligter

> ***HOAI**, Anlage 10 (zu § 34 Absatz 4, § 35 Absatz 7)*
> *Grundleistungen im Leistungsbild Gebäude und Innenräume, Besondere Leistungen, Objektlisten*
>
> ***LPH 5 Ausführungsplanung***
> *a) Erarbeiten der Ausführungsplanung **mit allen für die Ausführung notwendigen Einzelangaben (zeichnerisch und textlich)** auf der Grundlage der Entwurfs- und Genehmigungsplanung bis zur ausführungsreifen Lösung, als Grundlage für die weiteren Leistungsphasen*
> *b) **Ausführungs-, Detail- und Konstruktionszeichnungen nach Art und Größe des Objekts im erforderlichen Umfang und Detaillierungsgrad unter Berücksichtigung aller fachspezifischen Anforderungen, zum Beispiel bei Gebäuden im Maßstab 1:50 bis 1:1**, zum Beispiel bei Innenräumen im Maßstab 1:20 bis 1:1*
> *c) Bereitstellen der Arbeitsergebnisse als Grundlage für die anderen an der Planung fachlich Beteiligten, sowie Koordination und Integration von deren Leistungen*

Im Rahmen der Leistungsphase 5 ist der Architekt verpflichtet, die Ausführungsdetails umfassend zeichnerisch darzustellen. Die Ausführungsplanung muss bei schadensträchtigen Details besonders detailliert und für den Unternehmer in einer jedes Risiko ausschließenden Weise deutlich sein (in Bezug auf die Wärmedämmung z.B. gegebenenfalls bis zum Maßstab 1:1). Fertigt der Architekt die danach für ein konkretes Gewerk notwendigen Ausführungspläne nicht, liegt in diesem Unterlassen ein Planungsfehler.*)
OLG Düsseldorf, Urteil vom 16.06.2017 - 22 U 14/17 (aus IBR)

vereinbarte oder geforderte Sicherheit durch den Auftraggeber nicht gestellt [10]

Beispiel Bauhandwerkersicherung (analog zu anderen Sicherheitsleistungen des AG)

> ***BGB § 650 f Bauhandwerkersicherung***
> *:*
> *(5) Hat der Unternehmer dem Besteller erfolglos eine angemessene Frist zur Leistung der Sicherheit nach Absatz 1 bestimmt,* ***so kann der Unternehmer die Leistung verweigern*** *oder den Vertrag kündigen.*

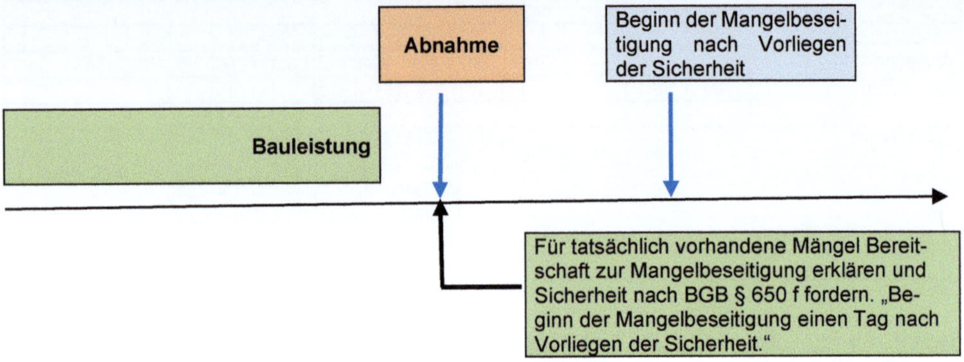

Bauhandwerkersicherung auch für Bauzeitennachtrag

1. Gibt der Auftraggeber aufgrund einer Bauzeitverzögerung neue Vertragstermine vor und erklärt sich der Auftragnehmer mit diesen einverstanden, liegt eine „andere Anordnung des Auftraggebers" vor, so dass dem Auftragnehmer ein Anspruch auf Mehrvergütung zusteht.
2. Für die Sicherung eines Mehrvergütungsanspruchs aufgrund einer bauzeitlichen Anordnung kann der Auftragnehmer die Stellung einer Bauhandwerkersicherung gem. § 648a BGB a.F. (§ 650f BGB) verlangen.
3. Mit der Vorlage eines substanziierten baubetrieblichen Gutachtens wird der zu sichernde Anspruch des Auftragnehmers der Höhe nach schlüssig dargelegt.

KG, Urteil vom 22.06.2018 - 7 U 111/17; BGH, Beschluss vom 09.10.2019 - VII ZR 138/18[7]

Zahlungen nicht vertragsgemäß (zu spät, zu niedrig) [8]

> *VOB/B § 16 Zahlung*
> *Abs. 5 Nr. 4.*
> *Der Auftragnehmer darf die Arbeiten bei Zahlungsverzug bis zur Zahlung einstellen, sofern eine dem Auftraggeber zuvor gesetzte angemessene Frist erfolglos verstrichen ist.*

---

[7] Aus IBR

[8] nach Setzen einer Nachfrist durch den Auftragnehmer und Einstellen der Arbeiten nach fruchtlosem Ablauf der Nachfrist.

Zahlungseinbehalte nicht gesichert (z. B. nach VOB/B § 17 Abs. 6)

VOB/B § 17 Abs. 6, Nr. 3.
Zahlt der Auftraggeber den einbehaltenen Betrag nicht rechtzeitig ein, so kann ihm der Auftragnehmer hierfür eine angemessene Nachfrist setzen. Lässt der Auftraggeber auch diese verstreichen, so kann der Auftragnehmer die sofortige Auszahlung des einbehaltenen Betrags verlangen und braucht dann keine Sicherheit mehr zu leisten.

Bis dahin nur Anspruch auf sofortige Auszahlung. Wenn dies nicht erfolgt => Handlung wie bei Zahlungsverzug.

Mengenmehrungen

(aus IBR)

1. Den Bauablauf entscheidend beeinflussende unvorhersehbare Mehrmengen, die eine Einheitspreisänderung nach § 2 Nr. 3 VOB/B begründen, können eine Verlängerung der Ausführungsfristen nach sich ziehen.
2. Änderungen des Bauentwurfs (VOB/B § 1 Nr. 3) können ebenfalls zu einer Verlängerung der Ausführungsfristen führen, weil die Ausübung des Eingriffsrechts des Auftraggebers ein seinem Risikobereich zuzuordnender Umstand ist. In diesem Fall ist der neue Preis nach § 2 Nr. 5 VOB/B unter Berücksichtigung der (bauzeitabhängigen) Mehr- oder Minderkosten zu vereinbaren. ...
4. Kommt der Auftragnehmer einer ihm zumutbaren Beschleunigungsanordnung des Auftraggebers nach und führt er die angeordneten Maßnahmen durch, hat er Anspruch auf Mehrvergütung nach § 2 Nr. 5 oder Nr. 6 VOB/B.

OLG Dresden, Urteil vom 09.01.2013 - 1 U 1554/09

---

1. Eine Verlängerung der Bauzeit begründet nur bei einer Anordnung des Auftraggebers einen Anspruch des Auftragnehmers auf Mehrvergütung nach § 2 Nr. 5 VOB/B. Beruht die Verlängerung auf sonstigen Baubehinderungen, kommen Ansprüche des Auftragnehmers nur nach § 6 Nr. 6 VOB/B oder § 642 BGB in Betracht.
2. Der Auftraggeber kann, auch wenn er umfangreiche nachträgliche Leistungen beauftragt, davon ausgehen, dass ihm der Auftragnehmer mit seinem Nachtragsangebot ein abschließendes Angebot macht. Andernfalls muss sich der Auftragnehmer die Geltendmachung künftig entstehender Mehrkosten wegen einer in der mit einer Nachtragsbeauftragung verbundenen Bauablaufstörung vorbehalten.
3. Die Geltendmachung eines Schadensersatz- bzw. Entschädigungsanspruchs wegen längerer Vorhaltung von Baustelleneinrichtung, Bauleitung und Polier aus § 6 Nr. 6 VOB/B oder § 642 BGB setzt entsprechende Behinderungsanzeigen und eine hinreichend konkrete Darstellung der behaupteten Bauablaufstörung voraus.
4. Im Rahmen der Berechnung eines Anspruchs wegen Bauzeitverzögerung hat der Auftragnehmer auch die von ihm selbst verursachten Verzögerungen zu berücksichtigen. Eine Berechnung, die solche Faktoren außer Acht lässt, ist unschlüssig.

OLG Köln, Beschluss vom 27.10.2014 - 11 U 70/13

Leistungsänderungen (aus IBR)

Sachnachtrag „erschlägt" Bauzeitennachtrag!

1. Der Auftraggeber als Empfänger eines Nachtragsangebots wegen geänderter oder zusätzlicher Leistungen darf davon ausgehen, dass der Auftragnehmer alle mit der Durchführung der Nachtragsarbeiten verbundenen Kosten - also auch solche wegen nachtragsbedingter Verzögerungen - in sein Nachtragsangebot einkalkuliert hat.
2. Nimmt der Auftraggeber das Nachtragsangebot des Auftragnehmers an, sind damit auch sämtliche Ansprüche wegen Bauablaufstörungen abgegolten. **Das gilt nicht, wenn der Auftragnehmer einen entsprechenden Vorbehalt erklärt hat.** OLG München, Urteil vom 26.09.2017 - 28 U 2834/09; BGH, Beschluss vom 15.01.2020 - VII ZR 249/17

Macht der Auftragnehmer aufgrund zusätzlicher/geänderter Leistungen einen Anspruch auf Mehrvergütung wegen Bauzeitverlängerung aus § 2 Abs. 5, 6 VOB/B geltend, muss er die tatsächlich auf der Anordnung beruhenden Verzögerungen des Bauablaufs darstellen. Insofern gelten keine anderen Anforderungen als bei einem Schadensersatzanspruch aus § 6 Abs. 6 VOB/B.
OLG München, Urteil vom 27.04.2016 - 28 U 4738/13 Bau; BGH, Beschluss vom 20.04.2017 - VII ZR 141/16

Bei leistungsändernden Anordnungen, die Mehrkosten aus Verlängerung der Bauzeit auslösen, ist sowohl § 2 Nr. 5 wie auch § 6 Nr. 6 VOB/B anwendbar. Entwurfsänderungen oder Anordnungen nach § 1 Nr. 3 VOB/B könnten auch Behinderungen sein, wenn der Auftragnehmer seine Bauleistung nicht nach dem ursprünglichen Bauablaufplan ausführen kann. **In beiden Fällen muss der Auftragnehmer jedoch die Kausalität zwischen Leistungsänderung und Bauzeitverlängerung bzw. Behinderung konkret darlegen und beweisen.** Insbesondere ist eine plausible Zuordnung jeder Behinderung und der daraus folgenden Mehrkosten notwendig. Neben der den zeitabhängigen Kosten zugrundeliegenden Kalkulation hat der Unternehmer eine Gegenüberstellung von Soll- und Ist-Stunden für ungestörte Bauabschnitte einerseits und für die gestörten Bauabschnitte und Störungsphasen andererseits vorzulegen, um die Auswirkungen auf die Gesamtbauzeit zu belegen. (geändert nach Knychalla Rainer, Kommentar zu OLG Nürnberg, Urteil vom 13.10.1999 - 4 U 1683/99; BGH, Beschluss vom 09.11.2000 - VII ZR 461/99 in IBR)

fehlende Entscheidung zum Nachtrag mit echter Wahlmöglichkeit - auf Bedenken mit Fristsetzung zur Reaktion nicht reagiert

Auf Fristsetzung nicht reagiert: Auftragnehmer kann kündigen!
Das Schweigen des Auftraggebers auf eine Fristsetzung des Auftragnehmers kann eine schwer wiegende Vertragsverletzung darstellen, die den Auftragnehmer zur Kündigung des Vertrags aus wichtigem Grund berechtigt.
OLG Celle, Urteil vom 11.10.2018 - 5 U 40/18; BGH, Beschluss vom 29.01.2020 - VII ZR 227/18

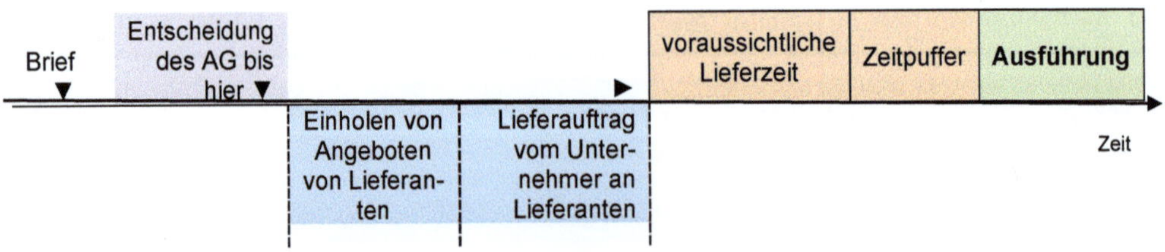

geforderte Ausführung trotz Anmeldung von Bedenken wegen unberechtigter oder unzweckmäßiger Anordnungen durch den Auftragnehmer(VOB/B § 4 Abs. 1, Nr. 3

***VOB/B § 4 Ausführung** (1)*
*3. Der Auftraggeber ist befugt, unter Wahrung der dem Auftragnehmer zustehenden Leitung (Absatz 2) **Anordnungen zu treffen, die zur vertragsgemäßen Ausführung der Leistung notwendig sind.** Die Anordnungen sind grundsätzlich nur dem Auftragnehmer oder seinem für die Leitung der Ausführung bestellten Vertreter zu erteilen, außer wenn Gefahr im Verzug ist. Dem Auftraggeber ist mitzuteilen, wer jeweils als Vertreter des Auftragnehmers für die Leitung der Ausführung bestellt ist.*
*4. Hält der Auftragnehmer die Anordnungen des Auftraggebers für **unberechtigt oder unzweckmäßig**, so hat er seine Bedenken geltend zu machen, die Anordnungen jedoch auf Verlangen auszuführen, wenn nicht gesetzliche oder behördliche Bestimmungen entgegenstehen. **Wenn dadurch eine ungerechtfertigte Erschwerung verursacht wird, hat der Auftraggeber die Mehrkosten zu tragen.***

Unzweckmäßig können z.B. sein:

- andere Arbeitsabläufe,
- Verlangen nach Einsatz anderer Technik,
- Verlangen nach anderen Verfahren.

Obwohl in der VOB/B an dieser Stelle die Schriftform nicht gefordert wird, erscheint sie im Interesse des Auftragnehmers sinnvoll, um später die berechtigten Ansprüche durchsetzen zu können.

Bedenken gegen Ihre Anordnung gem. VOB/B § 4 Abs. 1 Nr. 4
Sehr geehrte Damen und Herren,
bei der Baustellenberatung am ... / Ihrem Besuch auf der Baustelle am ... haben Sie Anweisungen für die Ausführung gegeben, die nach unserer Auffassung unberechtigt / unzweckmäßig*) sind. Wir melden hiermit Bedenken gegen Ihre Anweisung an, da sie gegenüber der vorgesehenen Ausführung ungerechtfertigte Erschwerungen für uns mit sich bringen. Dies hat auch zur Folge, dass Mehrkosten für die Ausführung entstehen, die Sie gem. VOB/B § 4 Abs. 1 Nr. 4 zu tragen haben.
□ Den Vergütungsanspruch für diese Mehrkosten melden wir hiermit dem Grunde nach an. Ob Ihre Anweisung einen Einfluss auf die Bauzeit hat, können wir derzeit noch nicht abschätzen. *)
□ Bitte prüfen Sie, ob Sie trotz unserer Bedenkenanmeldung bei Ihrer Anordnung bleiben. Wir benötigen Ihre Rückäußerung bis ..., damit nicht zusätzliche Behinderungen im Bauablauf entstehen. *)

*) nicht zutreffendes streichen

Widerrufsfrist beim Verbraucher noch nicht abgelaufen

Die Widerrufsfrist für Verträge mit dem Verbraucher beträgt 14 Tage. Für den Fall, dass der Verbraucher es wünscht, dass der Unternehmer innerhalb der Widerrufsfrist beginnt, ist folgendes geregelt:

> ***BGB § 357*** *Rechtsfolgen des Widerrufs von außerhalb von Geschäftsräumen geschlossenen Verträgen und Fernabsatzverträgen mit Ausnahme von Verträgen über Finanzdienstleistungen*
>
> *(8) Widerruft der Verbraucher einen Vertrag über die Erbringung von Dienstleistungen … so schuldet der Verbraucher dem Unternehmer Wertersatz für die bis zum Widerruf erbrachte Leistung, wenn der Verbraucher von dem Unternehmer ausdrücklich verlangt hat, dass dieser mit der Leistung vor Ablauf der Widerrufsfrist beginnt. Der Anspruch aus Satz 1 besteht nur, wenn der Unternehmer den Verbraucher nach Artikel 246a § 1 Absatz 2 Satz 1 Nummer 1 und 3 des Einführungsgesetzes zum Bürgerlichen Gesetzbuche ordnungsgemäß informiert hat. Bei außerhalb von Geschäftsräumen geschlossenen Verträgen besteht der Anspruch nach Satz 1 nur dann, wenn der Verbraucher sein Verlangen nach Satz 1 auf einem dauerhaften Datenträger übermittelt hat.* ***Bei der Berechnung des Wertersatzes ist der vereinbarte Gesamtpreis zu Grunde zu legen. Ist der vereinbarte Gesamtpreis unverhältnismäßig hoch, ist der Wertersatz auf der Grundlage des Marktwerts[9] der erbrachten Leistung zu berechnen.*** *…*

Bevor der Verbraucher folgende Erklärung nicht unterschrieben hat, ist der Unternehmer in der Ausführung der Arbeiten behindert.

> □ In Kenntnis der obigen Widerrufsbelehrung verlange ich ausdrücklich, dass der Unternehmer mit seiner Leistung bereits vor Ablauf der Widerrufsfrist beginnt. Mir ist bekannt, dass ich bei
>
> - vollständiger Vertragserfüllung durch den Auftragnehmer mein Widerrufsrecht verliere,
> - einem Widerruf während der Ausführung Wertersatz (Zahlung) für die anteilig erbrachte Leistung zu leisten habe.
>
> ____
>
> (Ort und Datum) (Unterschrift Auftraggeber)

[9] Nach hier vertretender Meinung ist für den „Marktwert“ der „ortsübliche Preis“ anzusetzen.

Keine Einigung aufgrund eines Änderungsbegehrens zum Werkerfolg gem. BGB § 650b.

BGB § 650b Änderung des Vertrags; Anordnungsrecht des Bestellers
(1) Begehrt der Besteller
1. eine Änderung des vereinbarten Werkerfolgs *(§ 631 Absatz 2) oder*
2. eine Änderung, die zur Erreichung des vereinbarten Werkerfolgs notwendig ist, streben die Vertragsparteien Einvernehmen über die Änderung und die infolge der Änderung zu leistende Mehr- oder Mindervergütung an. Der Unternehmer ist verpflichtet, ein Angebot über die Mehr- oder Mindervergütung zu erstellen, ...

(2) Erzielen die Parteien binnen 30 Tagen nach Zugang des Änderungsbegehrens beim Unternehmer keine Einigung nach Absatz 1, kann der Besteller die Änderung in Textform anordnen. ...

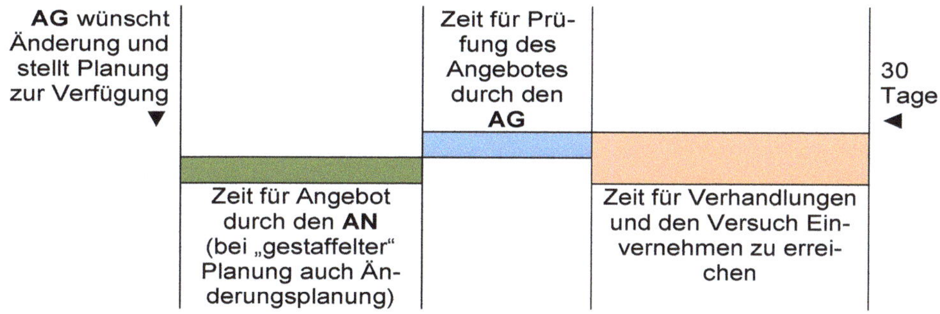

Vorschläge für die Praxis:

1. Bei Abgabe des Angebotes sollte auf die 30-Tage-Frist hingewiesen werden.
2. Der Unternehmer sollte schriftlich darauf hinweisen, wenn durch fehlende Einigung (ggf. auch in kürzerer Zeit) Behinderungen im Bauablauf entstehen.
3. Behinderungen im Bauablauf aufgrund fehlender Einigung (oder auch fehlender Anordnung) sollten genauso angezeigt werden, wie andere hindernde Umstände.

zu 1.: Hinweis auf 30-Tage-Frist

Hinweis zur Einigung über Ihre Änderungswünsche und die daraus resultierende Mehr- oder Mindervergütung

Sehr geehrte Damen und Herren,
aufgrund Ihres Änderungswunsches vom ... unterbreiten wir Ihnen beiliegendes Angebot über die Mehr- und Mindervergütung. Das gesetzliche Leitbild gem. BGB 650b sieht vor, dass wir uns binnen 30 (Kalender-)Tagen über die Änderung und die daraus resultierende Mehr- und Mindervergütung einigen sollten. Wir bitten Sie deshalb hiermit unser Angebot zügig zu prüfen, damit wir innerhalb der vorgesehenen Frist ggf. noch Unklarheiten ausräumen können bzw. unser Angebot erläutern können und aufgrund fehlender Einigung Behinderungen im Bauablauf entstehen können. Kommt eine Einigung innerhalb von 30 (Kalender-)Tagen nicht zustande, könnten Sie die Leistung auch anordnen

zu 2.: Hinweis auf mögliche hindernde Umstände

Hinweis zur Einigung über Ihre Änderungswünsche und die daraus resultierende Mehr- oder Mindervergütung
hier: Vorschlag zur Beschleunigung der Einigung

Sehr geehrte Damen und Herren,
aufgrund Ihres Änderungswunsches vom ... unterbreiten wir Ihnen beiliegendes Angebot über die Mehr- und Mindervergütung. Das gesetzliche Leitbild gem. BGB 650b sieht vor, dass wir uns binnen 30 (Kalender-)Tagen über die Änderung und die daraus resultierende Mehr- und Mindervergütung einigen sollten. Kommt diese Einigung nicht zustande, könnten Sie die Leistung anordnen. Aufgrund des geplanten / vorgesehenen Bauablaufes würden jedoch durch diese 30-Tage-Frist Behinderungen bzw. Unterbrechungen im Bauablauf entstehen. Die Konsequenzen wären, dass die vorgesehene Bauzeit nicht eingehalten werden kann und dass zusätzliche behinderungsbedingte Kosten entstehen können. Da die gesetzlich vorgesehene Frist keine „Wartefrist" ist, sollten wir sehr viel schneller versuchen eine Einigung zu erzielen. Nach unseren derzeitigen Einschätzungen wäre ein ungestörter Bauablauf möglich, wenn wir uns bis zum ... über Ihre Änderungswünsche und die daraus resultierenden Mehr- und Minderkosten einigen. Bitte verstehen Sie diesen Vorschlag nicht als Nötigung zur Beschleunigung der Entscheidungsprozesse, sondern als Hinweis auf die Folgen bei Einhaltung der gesetzlich vorgesehenen Maximalfrist.

Behinderung im Bauablauf aufgrund fehlender Einigung bzw. fehlender Anordnung

Sehr geehrte Damen und Herren,
am ... äußerten Sie Änderungswünsche zu unserem Bauvertrag. Wir haben daraufhin Ihnen am ... ein Angebot über die Mehr- und Mindervergütung unterbreitet. Gleichzeitig haben wir Sie darauf hingewiesen, dass bei fehlender Einigung Behinderungen im Bauablauf entstehen können. Da wir von Ihnen bis heute weder eine Rückäußerung zu unserem Vergütungsvorschlag noch eine Anordnung zur Ausführung in Textform erhalten haben, zeigen wir Ihnen hiermit an, dass ab dem ... Behinderungen im Bauablauf entstehen. Wir bitten Sie deshalb, uns bis zum ... mitzuteilen wie Sie sich zu Ihren Änderungswünschen entschieden haben.

Unzumutbarkeit nicht notwendiger Leistungen

BGB § 650b Änderung des Vertrags; Anordnungsrecht des Bestellers
(1) Begehrt der Besteller
1. eine Änderung des vereinbarten Werkerfolgs (§ 631 Absatz 2) oder
2. eine Änderung, die zur Erreichung des vereinbarten Werkerfolgs notwendig ist,
streben die Vertragsparteien Einvernehmen über die Änderung und die infolge der Änderung zu leistende Mehr- oder Mindervergütung an. Der Unternehmer ist verpflichtet, ein Angebot über die Mehr- oder Mindervergütung zu erstellen, im Falle einer Änderung nach Satz 1 Nummer 1 jedoch nur, wenn ihm die Ausführung der Änderung zumutbar ist. Macht der Unternehmer ***betriebsinterne Vorgänge für die Unzumutbarkeit einer Anordnung nach Absatz 1 Satz 1 Nummer 1 geltend, trifft ihn die Beweislast hierfür.*** *…*

(2) Erzielen die Parteien binnen 30 Tagen nach Zugang des Änderungsbegehrens beim Unternehmer keine Einigung nach Absatz 1, kann der Besteller die Änderung in Textform anordnen. Der Unternehmer ist verpflichtet, der Anordnung des Bestellers nachzukommen, einer Anordnung nach Absatz 1 Satz 1 Nummer 1 jedoch nur, ***wenn ihm die Ausführung zumutbar*** *ist. Absatz 1 Satz 3 gilt entsprechend.*

Die Unzumutbarkeit der Leistung betrifft damit die „Änderung des vereinbarten Werkerfolges".

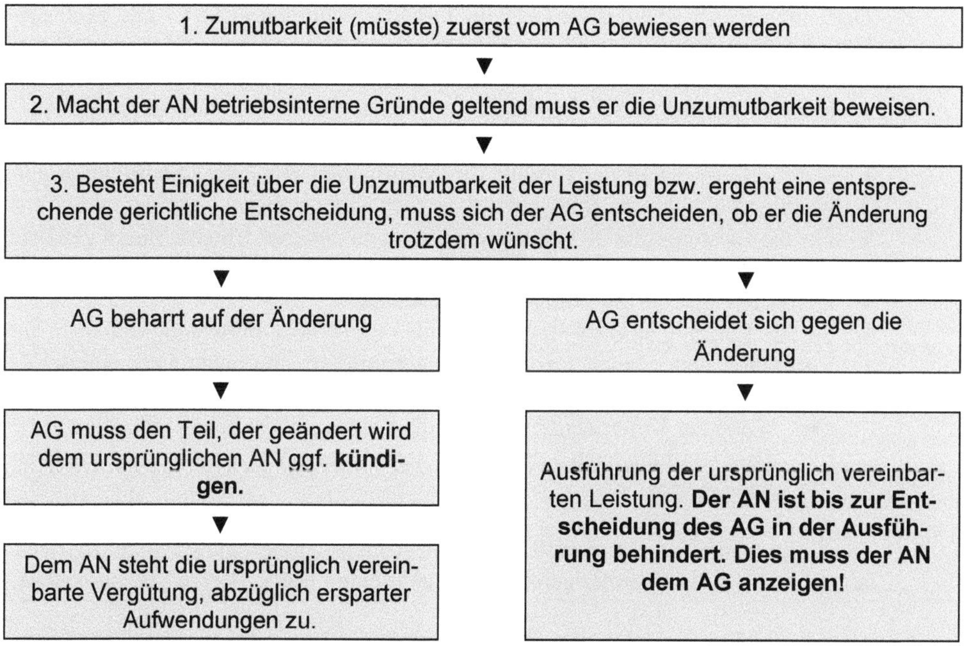

In der amtlichen Begründung zu diesem Paragrafen heißt es hierzu:
„Die Verteilung der Beweislast für die (Un-)Zumutbarkeit einer Anordnung des Bestellers soll den Verantwortungssphären der Parteien Rechnung tragen. Beweispflichtig für die Zumutbarkeit ist grundsätzlich der Besteller, da er den Vertrag ändern will. Dies gilt beispielsweise für die Frage, ob das zur Ausführung notwendige Material tatsächlich im Handel erhältlich ist. Der Unternehmer trägt nach Absatz 1 Satz 3 nur dann die Beweislast für die Unzumutbarkeit, wenn er sich auf betriebsinterne Vorgänge beruft, in die der Besteller keinen Einblick hat. Hinsichtlich der Frage der Unzumutbarkeit aus betriebsinternen Gründen ist bei einem Generalunternehmer eine Gesamtbetrachtung unter Einschluss der Nachunternehmer angezeigt. Es ist nicht nur auf den Betrieb des Generalunternehmers selbst abzustellen, sondern es sind auch die betrieblichen Möglichkeiten der Nachunternehmer zuzurechnen, ohne die der Generalunternehmer den Auftrag nicht erhalten hätte."

Behauptung der Unzumutbarkeit durch den Auftragnehmer

- Bei bloßer Behauptung des AN zur Unzumutbarkeit ohne Begründung besteht die Gefahr, dass der AG eine Einstweilige Verfügung beantragt und damit zusätzliche Nachteile für den Unternehmer entstehen.
- Die Begründung sollte so formuliert sein, dass ein baufachlicher Laie (Richter) sie versteht.
- Hilfsweise können (sollten) mehrere Kriterien (Argumente) vorgetragen werden.

Betriebsinterne Vorgänge zur Unzumutbarkeit können u.a. in folgenden Fällen vorliegen:

1. Der Unternehmer ist auf diese Leistung fachlich nicht eingerichtet – ggf. auch subjektive Unmöglichkeit - (er kann es nicht, damit kann er auch Nachunternehmer nicht überwachen).
   - Für die Leistung sind Zulassungen notwendig, die der Unternehmer nicht hat.
   - Für die Leistung sind Zertifikate notwendig, die der Unternehmer nicht hat.
   - Für die Leistung ist der Einsatz von Mitarbeitern mit einer Qualifikation notwendig, die im Unternehmen nicht zur Verfügung stehen.
   - Für die Leistung gibt es Schutzrechte, die von anderen Unternehmern gehalten werden.
   - Es handelt sich um ein völlig anderes Gewerk.
   - Für die Leistung sind spezielle Maschinen und Geräte notwendig, die nicht zur Verfügung stehen (auch Ausleihe zum notwendigen Zeitpunkt nicht möglich).
   - usw.
     - ► Wenn der Unternehmer fachlich die Leistung nicht beherrscht, kann er für diese Leistung auch keine Nachunternehmer einsetzen, da er diese ja überwachen muss.

2. Der Leistungsumfang ist so groß, dass beim Auftragnehmer sein sonstiger Betriebsablauf völlig durcheinander gerät und er auf anderen Baustellen in Verzug kommt.

3. Unzumutbarkeit entsteht auch, wenn eine ursprünglich vorgesehene Leistung technisch unproblematisch war und es eine langjährige Bewährung gab und nun eine Änderung verlangt wird, die technisch riskant oder nicht erprobt ist.

4. Der Auftraggeber legt das Änderungsrecht auch hinsichtlich des Termins[10] aus und die Änderungsanordnung (z.B. Verstärkung der Kolonnen, Zweischichtbetrieb) bringt den Ablauf beim Unternehmer völlig durcheinander.

5. Neben der Unzumutbarkeit (die sich auch aus dem Unvermögen des Unternehmers ergeben kann) besteht die Möglichkeit der objektiven Unmöglichkeit. Das bedeutet, dass niemand in der Lage ist, diesen Wunsch zu erfüllen.

> Die Erklärung der Unzumutbarkeit ist nicht möglich, wenn die Leistung zwingend notwendig ist, um den vereinbarten Werkerfolg zu erreichen und der Unternehmer diese Leistungen erbringen kann.

Briefvorschlag zur Unzumutbarkeit nicht notwendiger Leistungen (hier die tatsächlichen Sachverhalte angeben)

> **Unzumutbarkeit der Änderung des vereinbarten Werkerfolges**
>
> Sehr geehrte Damen und Herren,
> mit Schreiben vom ..... / in der Beratung am .... äußern Sie den Wunsch der Änderung des vereinbarten Werkerfolges in Form von ....
> Wir bedauern Ihnen mittteilen zu müssen, dass diese Änderung für uns aus folgendem Grund nicht zumutbar ist:
>
> - ☐ Für die Leistung sind Zulassungen notwendig, die wir nicht haben.
> - ☐ Für die Leistung sind Zertifikate notwendig, die wir nicht haben.
> - ☐ Für die Leistung ist der Einsatz von Mitarbeitern mit einer Qualifikation notwendig, die uns nicht zur Verfügung stehen.
> - ☐ Es handelt sich um ein völlig anderes Gewerk, das nicht unserem Leistungsspektrum entspricht.
> - ☐ Der daraus resultierende Leistungsumfang würde dazu führen, dass wir auf anderen Baustellen in Verzug geraten und Vertragsstrafen bzw. Schadenersatz für Verzug zahlen müssten.
> - ☐ ....
>
> Wir bitten Sie deshalb von Ihren Änderungswünschen abzusehen, da wir diese nicht erfüllen können. Bitte geben Sie uns bis zum ... eine Nachricht, ob Sie unter diesen Umständen die ursprünglich vereinbarte Leistung wünschen.
> **Da Sie nun die echte Wahlmöglichkeit haben, entweder die ursprünglich vereinbarte Leistung durch uns oder die geänderte Leistung durch einen anderen Unternehmer ausführen zu lassen, werden wir die ursprünglich vereinbarte Leistung bis zu Ihrer Rückäußerung nicht ausführen.**
>
> Ob dieser Vorgang einen Einfluss auf die Bauzeit hat, können wir derzeit nicht abschätzen.

[10] Das betrifft z.B. angeordnete Beschleunigungsmaßnahmen, ohne dass der Auftragnehmer in Verzug geraten war.

3 Anforderungen an eine Behinderungsanzeige

Wie muss eine Behinderungsanzeige aussehen

1. Eine Behinderungsanzeige muss unverzüglich und in schriftlicher Form erfolgen. Durch die Mitteilung der hindernden Umstände soll der Auftraggeber gewarnt werden. Es soll ihm ermöglicht werden, die Ursachen für die Störung zu klären, Beweise zu sichern und die Behinderung gegebenenfalls zu beseitigen.
2. Aus der Behinderungsanzeige müssen sich die Gründe für die Behinderung ergeben. Die Anzeige muss Aufschluss darüber geben, ob und wann die Arbeiten, die nach dem Bauablauf nunmehr ausgeführt werden müssen, nicht oder nicht wie vorgesehen ausgeführt werden können. OLG Hamm, Urteil vom 30.07.2013 - 21 U 84/12 (aus IBR)

Vereinbarungen z.B. zu
- Zustand der vorhandenen Bausubstanz,
- Voraussetzungen (Baufreiheit, Lagerplatz),
- Genaue Ausführungszeit,
- Notwendige „Handlung" - Mitwirkung des AG

möglichst in der Phase des Vertragsabschlusses, spätestens jedoch im Rahmen der Arbeitsvorbereitung nach Vertragsabschluss vereinbaren. (Zahlung, Bemusterung, Planbereitstellung usw.). **(möglichst schriftlich)**

▼

Erkennen hindernder Umstände unmittelbar auf der Baustelle durch die Mitarbeiter durch Anwendung des Prinzips des Mitlaufenden Soll - Ist - Vergleiches (nach Koß)

▼

Anzeige der hindernden Umstände durch den Auftragnehmer (AN) [11] **(Schriftform zwingend)**
- unverzüglich (keine unklaren Vermutungen, aber gleich, wenn Sachverhalt klar ist)
- klar (Auftraggeber muss Sachverhalt verstehen, um ihn abstellen zu können)
- Konsequenzen, wenn dem Grunde nach abschätzbar

▼

Einzelne Auswirkungen der hindernden Umstände dem Grunde nach nachvollziehbar darstellen: Zeit + Geld (sobald dies möglich ist; nicht zu schnell abschließende Zahlen nennen, wenn noch nicht völlig überschaubar); keine Aussage zur Gesamtwirkung. **(„dem Grunde nach" schriftlich)**

▼

Interne Dokumentation zur Erfassung der Tatsachen und Auswirkungen zu den einzelnen hindernden Umständen[12]

▼

konkrete Zuordnung von Wirkungen auf Kosten und Zeit zu einzelnen Ursachen

▼

Gesamtzusammenstellung der Auswirkungen nachvollziehbar darstellen (ACHTUNG: nicht alles kumuliert!)

---

[11] **Die Behinderungsanzeige wird durch Zurückweisung der AG – Seite nicht unwirksam. Im Streitfall ist zu prüfen, ob die Anzeige des AN berechtigt war oder nicht. (Gleiches gilt für die Verzugsanzeige des AG)**

[12] Die Auswirkungen behinderungsbedingter Schäden lassen sich am besten „vor Ort" durch die betreffenden Mitarbeiter dokumentieren. Hier ist insbesondere das bewährte Korrekturblatt nach Koß geeignet.

Eine Behinderungsanzeige **muss**:

- **schriftlich** erfolgen,
- schnell dem Auftraggeber zugestellt werden (wenn es der Bauablauf gestattet innerhalb von 2 Werktagen, sonst schneller),
- verständlich sein und darstellen, was ist abzustellen bzw. zu verändern ist (wodurch und an welchem Ort wird der Ablauf gestört),
- die Informationen enthalten, seit wann die Störung vorliegt, bzw. wann sie zu erwarten ist,
- welche Leistungen bzw. Vorgänge durch die Störung unmittelbar beeinträchtigt werden,
- eine Fristsetzung enthalten bis wann die hindernden Umstände beseitigt werden müssen,
- darstellen, was passiert, wenn die hindernden Umstände nicht beseitigt werden,
- enthalten, was der Auftragnehmer zur Schadensminderung unternimmt, falls die hindernden Umstände bereits eingetreten sind, bzw. wenn diese innerhalb der gesetzten Frist bereits wirken
- welche weiteren Auswirkungen möglich sind (dem Grunde nach).

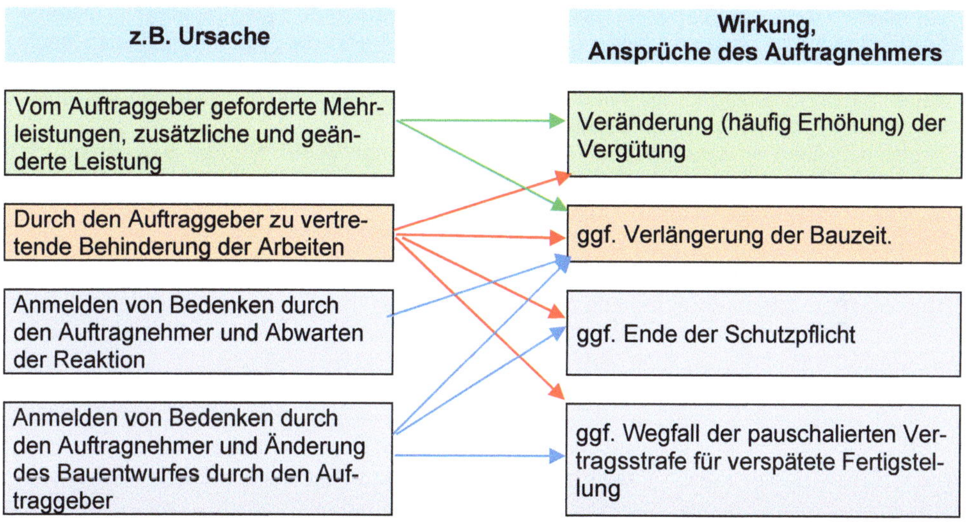

Behinderung im Baubeginn

Sehr geehrte Damen und Herren,

o Nach dem Bauvertrag vom ....

o Nach Ihrer Aufforderung vom ....

sollten wir unsere Arbeiten am .... aufnehmen.

Dies ist uns aus folgenden Gründen nicht möglich.

o Eine genehmigte Planung liegt nicht vor. Ohne Baugenehmigung ist eine Arbeitsaufnahme nicht möglich.

o Es fehlen für die Durchführung folgender Leistungen die Werkpläne

....

o Die für die Aufnahme unserer Leistung erforderlichen Vorarbeiten der Firma .... sind

❍ noch nicht erbracht

❍ unvollständig

❍ mangelhaft

o Unser Vorleistungsrisiko ist nicht ausreichend gesichert. Mit Schreiben vom .... hatten wir Sie gebeten, uns eine Sicherheit nach BGB § 650f zu geben. Dies ist bis heute noch nicht erfolgt.

o Folgende Behinderungen liegen vor ....

o Es herrschen ungewöhnliche Witterungseinflüsse, mit denen bei Angebotsabgabe nicht gerechnet werden konnte.

Wir machen darauf aufmerksam, dass darauf zurückzuführende Verzögerungen in unserer Leistung nicht zu unseren Lasten gehen können und sich die Ausführungsfristen nach VOB/B § 6 Abs. 2 verlängern. Die Fristverlängerung berechnet sich aus der Behinderungsdauer, einem Zuschlag für die Wiederaufnahme der Arbeiten und der etwaigen Verschiebung in eine ungünstigere Jahreszeit.

Zugleich machen wir darauf aufmerksam, dass uns gemäß VOB/B § 2 Abs. 5 ein Anspruch auf Preisänderung oder nach VOB/B § 6 Abs. 6 unter den dort genannten Voraussetzungen ein Schadenersatzanspruch zustehen kann.

Die Beseitigung der hindernden Umstände liegt deshalb in Ihrem Interesse.

Behinderung der Ausführung gemäß VOB/B § 6

Sehr geehrte Damen und Herren,
wir beziehen uns auf das o. g. Objekt und teilen Ihnen mit, dass wir in der Ausführung unserer Leistungen behindert sind.
Behinderte Leistungen ....
Begründung ....

Wir bitten Sie, uns schriftlich bis zum .... (Datum, Uhrzeit) mitzuteilen, welche Maßnahmen von Ihnen ergriffen werden, um die hindernden Umstände zu beseitigen. Sollten wir bis zum .... keine entsprechende Mitteilung von Ihnen erhalten oder die Behinderungen bis zum vorgenannten Datum nicht behoben sein, müssen die Arbeiten spätestens am .... eingestellt werden.

Wir machen darauf aufmerksam, dass darauf zurückzuführende Verzögerungen in unserer Leistung nicht zu unseren Lasten gehen können und sich die Ausführungsfristen nach VOB/B § 6 Abs. 2 und Abs. 4 verlängern. Die Fristverlängerung berechnet sich nach der Behinderungsdauer, einem Zuschlag für die Wiederaufnahme der Arbeiten und der etwaigen Verschiebung in eine ungünstigere Jahreszeit.

Wir weisen Sie schon jetzt darauf hin, dass die entstehenden Kosten, einschließlich der Kosten aus Bauzeitverlängerung, bei Ihnen geltend gemacht werden müssen. Wir werden uns jedoch bemühen, den Schaden so gering wie möglich zu halten (z.B. durch Umdisposition des geplanten Ablaufes oder anderweitigen Einsatz der Mitarbeiter auf anderen Baustellen).
Wir weisen Sie außerdem darauf hin, dass wir aufgrund der hindernden Umstände unserer werkvertraglichen Schutzpflicht für unsere Leistungen nicht mehr nachkommen können, falls wir die Arbeiten einstellen müssen.

Nachfrist zur Stellung einer Sicherheit nach BGB § 650f - Behinderungsanzeige

Sehr geehrte Damen und Herren,
zur Absicherung unseres Vorleistungsrisikos wurden Sie mit Schreiben vom .... gebeten, uns eine Sicherheit in Höhe von .... € bis spätestens .... zu übermitteln. Innerhalb der genannten Frist ging uns
☐ keine Sicherheit zu
☐ eine Sicherheit zu, die unser Vorleistungsrisiko nicht ausreichend abdeckt
Hiermit zeigen wir an, dass wir die Arbeiten
☐ nicht beginnen werden
☐ eingestellt haben
☐ am .... einstellen werden.
Weiterhin zeigen wir an, dass wir in der ordnungsgemäßen Ausführung der Arbeiten behindert sind (VOB/B § 6 Abs. 1). Wir setzen hiermit eine Nachfrist zur BelBRingung der Sicherheit bis spätestens ....
Sollte uns auch innerhalb dieser Zeit keine ausreichende Sicherheit zugehen,
☐ werden wir den Vertrag kündigen und Schadenersatz nach den gesetzlichen Bestimmungen verlangen (BGB § 650f, Abs. 5, § 643 und § 645 Abs. 1)
☐ werden wir die Arbeiten bis zu Stellung einer entsprechenden Sicherheit einstellen und Schadenersatz gemäß VOB/B § 6 Abs. 6 verlangen.

4 Was beim Widerspruch des Auftraggebers zu Behinderungsanzeigen und Nachtragsforderungen zu tun?

VOB/B § 6 Behinderung und Unterbrechung der Ausführung
*(1) **Glaubt sich der Auftragnehmer** in der ordnungsgemäßen Ausführung der Leistung behindert, so hat er es dem Auftraggeber unverzüglich schriftlich anzuzeigen. Unterlässt er die Anzeige, so hat er nur dann Anspruch auf Berücksichtigung der hindernden Umstände, wenn dem Auftraggeber offenkundig die Tatsache und deren hindernde Wirkung bekannt waren.*

- Der Auftragnehmer hat also zu dem Zeitpunkt, zu dem er die Behinderung anzeigen muss **nicht** den Beweis zu erbringen. Dies ist ggf. später notwendig. Im aktuellen Ablauf ist es aufgrund der Eilbedürftigkeit der Behinderungsanzeige häufig nicht möglich, ob es tatsächlich hindernde Umstände sind, die der Unternehmer geltend macht.
- Widerspricht der Auftraggeber einer Behinderungsanzeige des Unternehmers, ist damit der Zustellbeweis erbracht, dass der Auftraggeber die Behinderungsanzeige bekommen hat.

Zurückweisung schützt nicht vor Nachträgen!
1. Eine Änderung des Bauentwurfs bzw. eine Anordnung des Auftraggebers i.S. von § 1 Nr. 3 und § 2 Nr. 5 VOB/B liegt auch dann vor, wenn der Auftraggeber die Mehrkostenanmeldung des Auftragnehmers zurückweist, aber dennoch die Ausführung der geänderten Leistung verlangt.
2. Die verkehrsrechtliche Anordnung der für den Baubereich zuständigen Straßenverkehrsbehörde stellt ein "Verlangen des Auftraggebers" i.S. von § 1 Nr. 4 VOB/B dar, so dass dem Auftragnehmer für die Ausführung der Zusatzleistung ein Anspruch auf besondere Vergütung nach § 2 Nr. 6 VOB/B zusteht.
3. Liegt eine Anordnung des Auftraggebers zur Ausführung einer geänderten oder zusätzlichen Leistung vor, hat der Auftragnehmer auch dann einen Anspruch auf Mehrvergütung, wenn die Parteien vor Beginn der Ausführung keine Preisvereinbarung getroffen haben. Die Höhe der Vergütung richtet sich dann nach den Grundlagen der Preisermittlung (der Urkalkulation).
4. Finden sich in der Urkalkulation keine hinreichenden Bezugspunkte für Ermittlung der zusätzlichen Vergütung, ist diese nach den üblichen Preisen zu bestimmen. KG, Urteil vom 17.12.2013 - 7 U 203/12 (aus IBR)

Widerspruch zu Ihrer Behauptung, unser Vergütungsanspruch sei nicht berechtigt

Sehr geehrte Damen und Herren,

□ mit Schreiben vom ...
□ im Rahmen der Baustellenberatung am ...
□ im Gespräch am ...
weisen Sie unseren Vergütungsanspruch unberechtigt zurück.
Wir betonen hiermit nochmals, dass die auszuführende Leistung nicht im Vertrag vorgesehen ist. Da es sich jedoch um eine notwendige Leistung handelt, werden wir die Leistung ausführen und nach wie vor auf der zusätzlichen Vergütung für diese Leistung bestehen.

5 Die „bauablaufbezogene Darstellung“

Unabhängig davon, ob der Auftragnehmer „nur“ Ansprüche auf Bauzeitverlängerung und den Wegfall der Vertragsstrafe oder auch auf Vergütung/Schadenersatz geltend machen will, sind eine bauablaufbezogene Darstellung

- des Soll-Ablaufes und
- des Ist-Ablaufes sowie
- die Konsequenzen aus der Gegenüberstellung beider Abläufe notwendig.

Der Nachweis der zeitlichen Auswirkungen ist aus praktischen Gründen auch immer vor der Berechnung finanzieller Ansprüche zu führen.

5.1 Anforderungen aus der Rechtsprechung an die Darstellung

(aus IBR)

Behinderung nicht bauablaufbezogen dargestellt: Auftragnehmer erhält keinen Schadensersatz!
Auch wenn zwischen einer verspäteten Gerüststellung und einem späteren Mehrschichtbetrieb durchaus ein Zusammenhang bestehen kann, entbindet ein derart allgemeiner Erfahrungssatz den Auftragnehmer nicht von seiner Verpflichtung, die Behinderungen, für deren Folgen er Schadensersatz verlangt, möglichst konkret darzulegen. Hierzu ist eine bauablaufbezogene Darstellung der jeweiligen Behinderungen unumgänglich.
OLG Hamm, Urteil vom 19.06.2012 - 21 U 85/11; BGH, Beschluss vom 26.06.2014 - VII ZR 232/12

Hinweis aus IBR:
„Grundlage eines erfolgreichen Bauzeitennachtrags ist die bauablaufbezogene Darstellung. Hierzu muss der Auftragnehmer in einem ersten Schritt den geplanten (Soll-)Bauablauf in der Regel als Balkenplan darstellen. Dem ist der Ist-Bauablauf gegenüberzustellen. Dann sind die Behinderungen „einzuarbeiten". Im Idealfall sind die Behinderungsauswirkungen im Ist-Ablauf ersichtlich. In einem zweiten Schritt sind dann die störungsbedingt verursachten Mehrkosten zu ermitteln.“ Bolz, Stephan

1. Die Ermittlung eines Bauzeitverlängerungsanspruchs durch die theoretische Fortschreibung des Bauablaufs aufgrund von verschiedenen Einzelstörungssachverhalten genügt nicht den Anforderungen einer konkreten bauablaufbezogenen Darstellung.
2. Der Auftragnehmer muss nachweisen, dass die Bauzeit mit den kalkulierten Mitteln bei ungestörtem Bauablauf eingehalten worden wäre, er selbst im Zeitpunkt einer Behinderung leistungsbereit war, keine von ihm selbst verursachten Verzögerungen vorlagen und keine Umstände gegeben waren, die gegen eine Behinderung sprechen, z. B. in Form der Umstellung von Bauabläufen oder Inanspruchnahme von Pufferzeiten. Hierbei handelt es sich um Fragen des Haftungsgrunds, die einer Schätzung nicht zugänglich sind. OLG Köln, Urteil vom 28.01.2014 - 24 U 199/12

1. Der Auftragnehmer muss eine Behinderung, aus der er Schadensersatzansprüche ableitet, möglichst konkret darlegen. Dazu ist in der Regel auch dann eine bauablaufbezogene Darstellung notwendig, wenn feststeht, dass die freigegebenen Ausführungspläne nicht rechtzeitig vorgelegt worden sind.
2. Allgemeine Hinweise darauf, dass die verzögerte Lieferung freigegebener Pläne zu Bauablaufstörungen und zu dadurch bedingten Produktivitätsverlusten geführt habe, die durch Beschleunigungsmaßnahmen ausgeglichen worden seien, genügen den Anforderungen an die Darlegungslast einer Behinderung nicht. Sie sind auch keine geeignete Grundlage für eine Schadensschätzung.

BGH, Urteil vom 21.03.2002 - VII ZR 224/00

Die später vom Auftragnehmer zu liefernden Begründungen zur Verlängerung der Bauzeit und zum Wegfall der Vertragsstrafe ergeben sich z.T. bereits aus der Behinderungsanzeige, wenn diese (wie oben beschrieben) alle notwendigen Informationen enthält.

Die Rechtsprechung hat damit sehr hohe Anforderungen an die notwendigen Darlegungen des Unternehmers entwickelt. Danach sind:

1. einzelne Auswirkungen der hindernden Umstände (Ursache => Wirkung) dem Grunde nach nachvollziehbar darzustellen: Zeit + Geld. Eine Zusammenfassung mehrerer Ursachen und Wirkungen wird im Regelfall nicht akzeptiert,
2. interne Dokumentationen zur Erfassung der Tatsachen und Auswirkungen zu den einzelnen hindernden Umständen zu führen, die als zusätzliche Beweismittel vorgebracht werden können,
3. die Vergütungsforderungen einzeln und nachvollziehbar zu kalkulieren,
4. in einer Gesamtzusammenstellung die zeitlichen Auswirkungen darzustellen (ACHTUNG: nicht alles kumuliert!) und dabei die Schadensminderung und die Überlappung einzelner Arbeiten zu berücksichtigen.

Keine hindernden Umstände bestehen z.B., wenn:

- der Unternehmer durch Änderung der Fertigungsrichtung ohne zusätzlichen Aufwand weiter arbeiten kann (keine zusätzlichen Aufwendungen für Umsetzen und Einrichten der Arbeitsplätze),
- alle vorgehaltenen Kapazitäten (Mitarbeiter, Geräte) andere Arbeiten ohne Produktivitätsverlust ausführen können,
- dem Unternehmer eine Pufferzeit zur Verfügung steht, die er noch nicht genutzt hat und die ausreichend ist, die Behinderung „aufzufangen“ (die einzelne Arbeit liegt nicht auf den kritischen Weg) und er während der hindernden Umstände andere Arbeiten ausführen kann.

Vergütungsbasis und Zeitpunkt der Ermittlung

Behinderung aus Anordnungen des Auftraggebers

Der Auftraggeber nimmt seine Änderungsrechte wahr.
Der Auftragnehmer kann nicht mehr unter den Umständen weiter arbeiten, von denen er bei Vertragsabschluss ausgehen konnte.

Die Anordnungen des AG beziehen sich
- unmittelbar auf die Bauumstände
- über den Bauinhalt (Änderungen, Mehrungen) mittelbar auf die Bauumstände (z.B. Zeit)

▼

Der Auftraggeber bewegt sich im Rahmen des Vertrages (VOB/B § 2 Abs. 5 + 6)

▼

Die Vergütungsbasis kann
- aus dem Vertrag abgeleitet werden **oder**
- auf der Grundlage von BGB § 650b + c bestimmt werden

▼

Grundlage können sein:
- das Preisniveau der Angebotskalkulation,
- die hinterlegte Urkalkulation mit Nachlässen in absoluter Höhe
- die tatsächlich erforderlichen Kosten und angemessene Zuschläge für AGK, Wagnis und Gewinn

▼

Behinderung aus „unerlaubtem Tun"

Der Auftraggeber greift außerhalb des vertraglichen Rahmens in das Baugeschehen ein bzw. kommt seinen Vertragsverpflichtungen nicht nach

z.B.
- Ausführungsunterlagen nicht freigegeben oder zu spät
- fehlende Zahlungssicherheit
- Zahlungsverzug

▼

Der Auftraggeber bewegt sich außerhalb des Vertrages (VOB/B § 6 Abs. 6)

▼

Unabhängig vom Preisniveau ist dem AN der Schaden zu ersetzen, der bei ihm entsteht. Der AN wird weder „reicher" noch „ärmer".
Entgangener Gewinn ist dem AN nur dann zu erstatten, wenn dem AG Vorsatz oder grobe Fahrlässigkeit angelstet werden kann.

▼

Zwei Varianten stehen zur Auswahl und sollten möglichst frühzeitig vereinbart werden:

a) Schadensermittlung nach Abschluss aller Auswirkungen **Ist–Kostenerfassung**

b) Schadensermittlung nach Behinderungsende und vor Abschluss aller Auswirkungen **Vorkalkulation**

▼

+ ggf. Beschleunigungskosten
Vergütung nach vorheriger Vereinbarung in beiden Fällen möglich; hat den Charakter eines Nachtrages.

5.2 Auswirkungen aus einer Ursache auf Zeit und Geld

Aus der Rechtsprechung: (aus IBR)

„1. Verlangt der Auftragnehmer Ersatz von Behinderungsschäden, so reicht es grundsätzlich nicht aus, wenn er lediglich eine oder mehrere Pflichtverletzungen - z. B. Planlieferverzüge - vorträgt. Er muss darüber hinaus darlegen und beweisen, welche Behinderung mit welcher Dauer und mit welchem Umfang daraus verursacht wurde.

2. Handelt es sich um mehrere Pflichtverletzungen, so muss er dies jeweils für den Einzelfall vortragen.

3. Für eine Klage aus § 6 Nr. 6 VOB/B ist in der Regel eine konkrete, bauablaufbezogene Darstellung der jeweiligen Behinderung unumgänglich. Dem Auftragnehmer ist im Behinderungsfalle die Erstellung einer aussagekräftigen Dokumentation zumutbar." BGH, Urteil vom 24.02.2005 - VII ZR 141/03

Im folgenden Bild sind Beispiele für ausgewählte zeitliche Varianten der Behinderung der Arbeiten und ihre Auswirkungen auf die Kalkulation dargestellt.

Nr.	Sollablauf
	Varianten des Ist- Ablaufes (Behinderung)
1	verspätete Möglichkeit zum Beginn *► gestiegene Lohn- und Materialkosten*
2	wie 1 jedoch längere Zeit bis zum Beginn *► Kündigung möglich + gestiegene Lohn- und Materialkosten +, Kosten für Verschiebung in ungünstige Jahreszeit*
3	Unterbrechung (Stillstand) *► Kosten für Verkehrssicherung + Umsetzen auf andere Baustelle+ Produktivitätsverlust dort + gestiegene Lohn- und Materialkosten, + Ende der Schutzpflicht während der Unterbrechung?*
4	mehrfache Unterbrechung *Wie 3. jedoch Einzelnachweise notwendig für ► Kosten für Verkehrssicherung + Umsetzen auf andere Baustelle + Produktivitätsverlust dort + gestiegene Lohn- und Materialkosten + Kosten für Verschiebung in ungünstige Jahreszeit*
5	verspäteter Beginn und Beschleunigung *► gestiegene Lohn- und Materialkosten + Beschleunigungskosten + Produktivitätsverlust durch Verstärkung*
6	wie 5 jedoch in „anderer" Zeit *► gestiegene Lohn- und Materialkosten + Beschleunigungskosten + Produktivitätsverlust durch Verstärkung + Kosten für Verschiebung in ungünstige Jahreszeit*
7	Störung führt nicht vollständig zu Stillstand *► zusätzliche Koordinierungskosten + gestiegene Lohn- und Materialkosten + Kosten für Verschiebung in ungünstige Jahreszeit*
8	Störung führt zu dauernd verminderter Leistung *► zusätzliche Koordinierungskosten + gestiegene Lohn- und Materialkosten + Kosten für Verschiebung in ungünstige Jahreszeit*

Beispiel 1

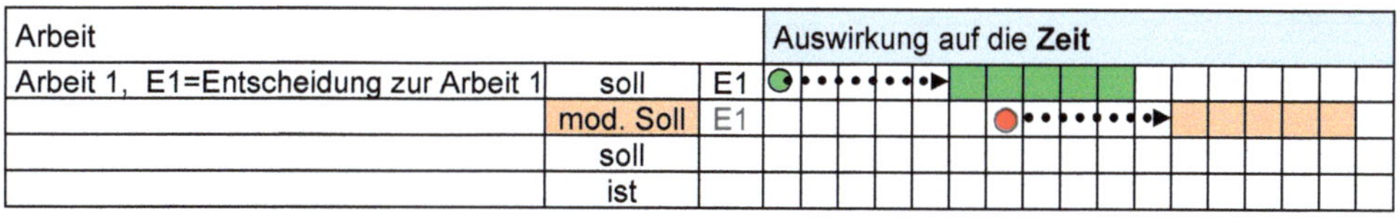

- Die Mitwirkung des Auftraggebers (Entscheidung 1) ist unbedingte Voraussetzung für die Ausführung der Arbeit 1.
- Zwischen der Entscheidung und der Ausführung liegt eine Vorlauffrist, die nicht verkürzt werden kann (z.B. für Beschaffung).
- Der Auftraggeber entscheidet sich zu spät. Es gibt nun eine Verschiebung der Arbeit 1.

modifizierter Soll-Ablauf

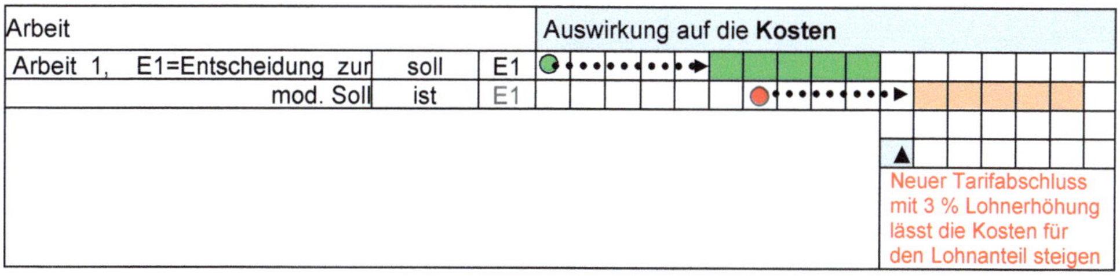

Aufgrund der verspäteten Mitwirkung des Auftraggebers hat der Auftragnehmer folgende Ansprüche:

- neuen Fertigstellungstermin,
- Wegfall der pauschalierten Vertragsstrafe,
- Erhöhung des Preises um den gestiegenen Lohnanteil (einschl. ggf. gestiegener Lohnnebenkosten),

bei sehr großer Verschiebung ggf. weitere Ansprüche aus

- gestiegenen Materialkosten,
- Mehraufwand bei Verschiebung in die ungünstige Jahreszeit (und dann auch noch ggf. Verlängerung der Ausführungszeit)

Beispiel 2

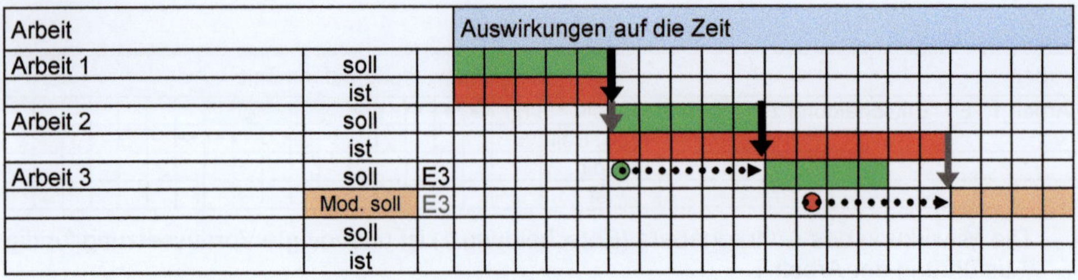

Obwohl der AN bei der Arbeit 2 in Verzug kommt, befindet er sich aufgrund der verspäteten Mitwirkung des AG für Arbeit 3 (E 3) innerhalb des modifizierten Ablaufes.

grün= Soll-Ablauf

rot = Ist-Ablauf

- Der Auftraggeber hat **keine** Ansprüche aus verspäteter Fertigstellung der Arbeiten.
- Der Auftragnehmer hat **keine** Ansprüche aus hindernden Umständen.

Beispiel 3

(einzelne Berechnungsbeispiele im Kapitel „Praxisbeispiele“)

Sollablauf		
Ist- Ablauf		
Unterbrechung (Stillstand), durch AG zu vertreten		
1	*Kosten für zusätzliche Verkehrssicherung beim Verlassen der Baustelle*	
2	*Klärung, ob die Schutzpflicht während der Unterbrechung weiter besteht, dann Aufwand für Bewachung und Schutzmaßnahmen*	
3	*Umsetzen auf andere Baustelle*	
4	*Produktivitätsverlust auf der Ersatzbaustelle*	
5	*gestiegene Lohn- und Materialkosten*	▲ Tariferhöhung
6	*Einarbeitungsverluste für erneutes Einarbeiten*	

Beispielkalkulation der direkten Kosten für einen Monat Unterbrechung

<table>
<tr><td>1</td><td>Kosten für zusätzliche Verkehrssicherung beim Verlassen der Baustelle</td><td colspan="2">Beschilderung, die sonst nur nachts erfolgt, dauerhaft einrichten: 225,00 €
Zusätzliche Verstärkungen am Einfahrtstor im Bauzaun: 125,00 €
Kleinmaterial zur Befestigung: 20,00 €</td></tr>
<tr><td rowspan="2">2</td><td rowspan="2">Klärung, ob die Schutzpflicht während der Unterbrechung weiter besteht, dann Aufwand für Bewachung und Schutzmaßnahmen</td><td>AN hat keine Schutzpflicht => Sollte unbedingt dokumentiert werden!</td><td>0,00 €</td></tr>
<tr><td>AN hat Schutzpflicht: Zusätzliche Schutzmaßnahmen gegen Vandalismus</td><td>Tägliche Kontrollfahrt à 75,- € x 30 = 2.250,00 €</td></tr>
<tr><td rowspan="3">3</td><td rowspan="3">Umsetzen auf andere Baustelle mit AG klären, ob Gerät umgesetzt werden soll</td><td>Gerät bleibt auf der Baustelle => Vorhaltekosten</td><td>Gerüst einen Monat vorhalten: 3.200,00 €
Kran einen Monat vorhalten: 5.450,00 €
Baucontainer einen Monat vorhalten: 270,00 €</td></tr>
<tr><td>Gerät bleibt nicht auf der Baustelle und kann mit voller Leistung anderweitig eingesetzt werden</td><td>Umsetzen Kreissäge, Rüttelplatte Kleingeräte: 125,00€</td></tr>
<tr><td>Gerät bleibt nicht auf der Baustelle und kann nur unter Hinnahme von Leistungsverlusten anderweitig eingesetzt werden</td><td>Bagger zusätzlich abtransportieren und später wieder antransportieren + unproduktive Zeit und Minderleistung auf Ersatzbaustelle = 1.850,00 €</td></tr>
<tr><td>4</td><td>Produktivitätsverlust auf der Ersatzbaustelle</td><td colspan="2">Wird zugunsten des AG nicht berechnet</td></tr>
<tr><td>5</td><td>gestiegene Lohn- und Materialkosten</td><td colspan="2">Neuer Tarif: + 2,5 % auf Lohnanteil für 1/3 der Leistung = 330,00 €</td></tr>
<tr><td>6</td><td>Einarbeitungsverluste für erneutes Einarbeiten nach Unterbrechung</td><td colspan="2">6 Mitarbeiter x 48,00 €/ h Verrechnungslohn x 8 Stunden x 0,32 Produktivitätsverlust = 737,28 €</td></tr>
<tr><td></td><td>Summe
Einzelkosten der Teilleistungen</td><td colspan="2">14.582,28 €</td></tr>
</table>

5.3 Mehrere Ursachen und Wirkungen

Es sollte hinsichtlich der zeitlichen Folgen, versucht werden, nach der Darstellung des einzelnen Ursache-Wirkung-Zusammenhanges eine Gesamtdarstellung vorzunehmen, da sich in zeitlicher Hinsicht nicht alle Wirkungen addieren. Haben beide Vertragsparteien Störungen zu vertreten, sind immer modifizierte Bauabläufe zu ermitteln, um letztendlich Ansprüche aus der Differenz der Wirkungen zu bestimmen.

Beispiel 4

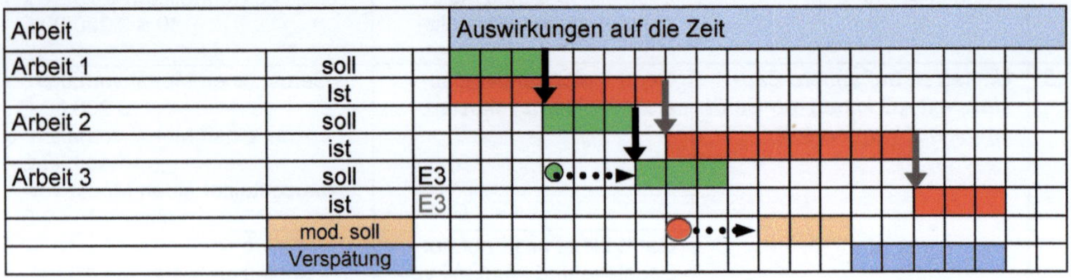

Der AN hat eine Verzögerung der Arbeiten 1 und 2 zu vertreten. Der AG wirkt bei Arbeit 3 verspätet mit. Der AN erfüllt **nicht** das Terminziel des modifizierten Bauablaufes. Der AG hat Ansprüche aus der Differenz zwischen Ende des modifizierten Ablaufes und dem tatsächlichen Fertigstellungstermin des AN, wenn er einen konkreten Schaden nachweist. Der AG verliert voraussichtlich seinen Anspruch auf pauschalierte Vertragsstrafe, da seine Mitwirkung zur Arbeit 3 verspätet ist.

Beispiel 5

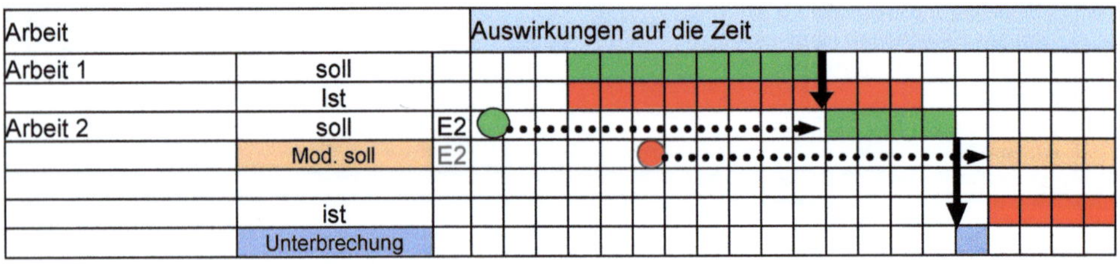

Der AN kommt mit der Arbeit 1 in Verzug. Entscheidend hier ist die verspätete Mitwirkung des AG. Zwischen der tatsächlichen Fertigstellung der Arbeit 1 und dem modifizierten Bauablauf für Arbeit 2 entsteht eine Unterbrechung.

- Der AG hat keine Ansprüche. Der Anspruch auf pauschalierte Vertragsstrafe ist entfallen.
- Der AN hat finanzielle Ansprüche aus Unterbrechung der Arbeiten.
- Der AN könnte außerdem ggf. einen Zuschlag nach VOB/B § 6Abs. 4 geltend machen *(„Die Fristverlängerung wird berechnet nach der Dauer der Behinderung mit einem Zuschlag für die Wiederaufnahme der Arbeiten und die etwaige Verschiebung in eine ungünstigere Jahreszeit.“)* .

Beispiel 6

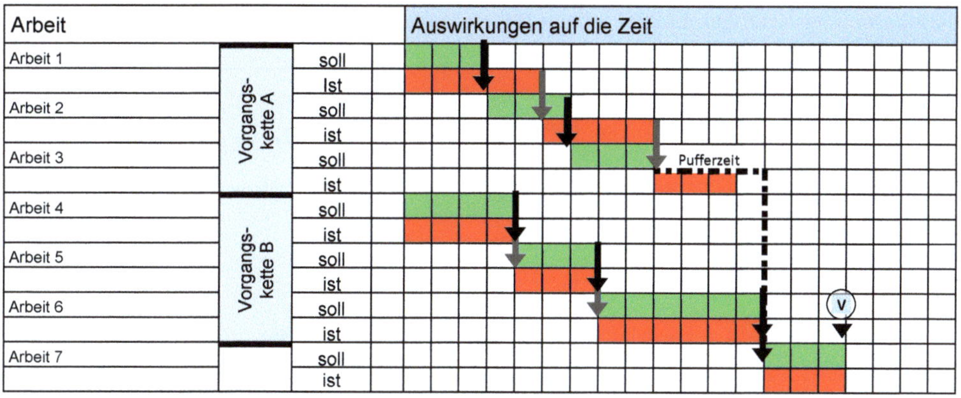

Der AN hat alle Arbeiten (1 bis 7) auszuführen. Zwischentermine sind keine Vertragstermine. Vertragstermin (V) ist nur die Gesamtfertigstellung. Der Abschluss von zwei voneinander unabhängigen Vorgangsketten (A und B) ist Voraussetzung für die Arbeit 7. Der Verzug des AN in der Vorgangskette A hat keinerlei Auswirkungen, da diese Vorgangskette eine Pufferzeit hat. Weder AG noch AN haben Ansprüche.

Beispiel 7

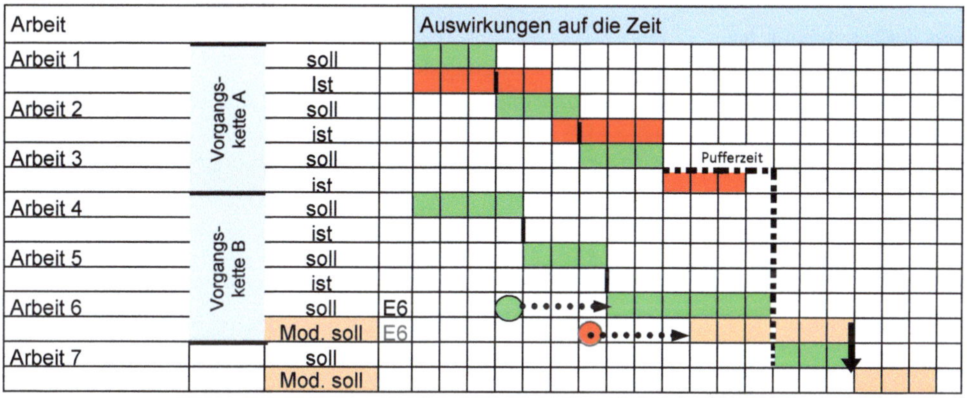

Der AN hat alle Arbeiten (1 bis 7) auszuführen. Zwischentermine sind keine Vertragstermine. Der Abschluss von zwei voneinander unabhängigen Vorgangsketten (A und B) ist Voraussetzung für die Arbeit 7. Die verspätete Mitwirkung des AG für Arbeit 6 führt zu einer Modifizierung des Ablaufplanes. Die Pufferzeit der Vorgangskette A spielt keine Rolle mehr. Es ergibt sich ein verspäteter Beginn der Arbeit 7, den der AG zu vertreten hat. Der Verzug des AN in der Vorgangskette A ist ohne Bedeutung. Der AG hat daraus keine Ansprüche.

Die Darstellung im Balkendiagramm ist für den Baulaien einfacher zu lesen, als ein Liniendiagramm oder Netzplan. Es gibt jedoch Informationen, die sich besser im Liniendiagramm darstellen lassen.

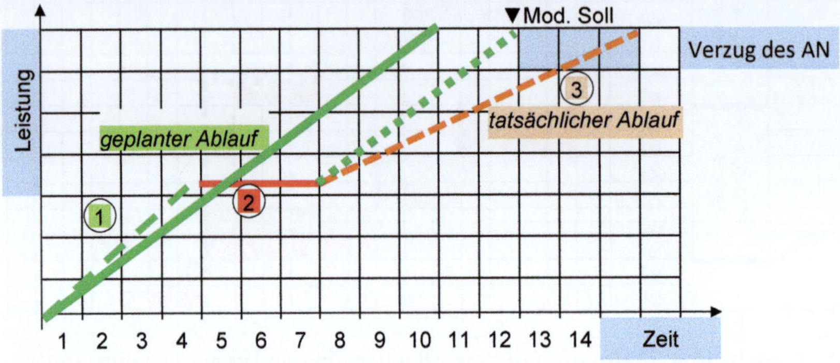

(1) Unternehmer baut schneller als geplant

(2) Unterbrechung der Arbeiten einschl. Zuschlag für Wiederaufnahme der Arbeiten

(3) Arbeitsgeschwindigkeit ist geringer als geplant

Darstellung des Soll- und Ist-Ablaufes im Liniendiagramm

Der Auftragnehmer hat

- keine Ansprüche aus der Beschleunigung der Arbeiten (1)
- Ansprüche auf Bauzeitverlängerung und Kostenerstattung aus Unterbrechung der Arbeiten (2)

Der Auftraggeber hat Ansprüche aus dem Verzug des Auftragnehmers gegenüber dem modifizierten Soll.

5.4 Wem „gehören“ Zeitreserven und Zeitpuffer

1. Dem Auftragnehmer steht in Anlehnung an § 2 Abs. 5 VOB/B ein Anspruch auf Mehrvergütung zu, wenn infolge einer verzögerten Vergabe des Bauauftrags eine Verschiebung der Ausführungszeit erforderlich ist und dem Auftragnehmer hierdurch Mehrkosten entstehen.
2. Sind im Bauzeitenplan sog. Zeitpuffer vorhanden, können diese vom Auftraggeber solange nicht zur Kompensation einer eingetretenen Verzögerung herangezogen werden, wie der Auftragnehmer sie selbst zum Auffangen eigener Leistungsverzögerungen benötigt.
OLG Düsseldorf, Urteil vom 20.07.2011 - U 11/11(aus IBR)

„... Andere lehnen eine Berücksichtigung von Zeitreserven bei der Ermittlung der Behinderung im Gegenteil grundsätzlich ab, da die Reserven dem Auftragnehmer dienen würden, um eigene Verzögerungen auffangen zu können. Würden diese Reserven zugunsten des Auftraggebers verbraucht, müsse der Auftragnehmer im Falle eigener Verzögerungen, die dann zu einer Bauzeitverlängerung führen, den Nachweis erbringen, dass er an sich ausreichend Zeitreserven gehabt, diese aber zugunsten des Auftraggebers verbraucht habe. Das könne dem Auftragnehmer nicht zugemutet werden. Er müsse zeitliche Reserven daher zumindest nicht ohne Gegenleistung aufgeben.“
„Im tatsächlichen Bauablauf müssen zur Verfügung stehende zeitliche Reserven in jedem Fall genutzt werden, um die Folgen einer Störung zu kompensieren oder wenigstens zu verringern.
Bei der theoretischen Ermittlung der störungsmodifizierten Soll-Ablaufpläne sind Zeitreserven hingegen nur dann bereits bei der Ermittlung der Behinderung reduzierend zu berücksichtigen, wenn sie dem Auftraggeber „gehören". Andernfalls müssen sie zunächst unberücksichtigt bleiben.“ (nach IBR-online)

Vertragsrechtlich ist der Auftragnehmer nicht gezwungen, auf eine Zeitreserve zu verzichten, solange er diese Zeitreserve selbst noch gebrauchen kann.

5.5 Zusammenfassende Aufstellung der einzelnen Vergütungsansprüche

Einzelaufstellung der Vergütungsansprüche

Lfd. Nr.	Beispiel 3	
Tatbestand/Sachverhalt:	Unterbrechung der Arbeiten um einen Monat	
Dokumentation:	• Behinderungsanzeige kann entfallen, da Unterbrechung durch AG schriftlich angeordnet • Verhandlungsprotokoll vom … zur Schutzpflicht und zum Umfang • Verhandlungsprotokoll vom … zum Verbleib bzw. zum Umsetzen von Maschinen und Gerät • Interne Dokumentation zur Produktivität auf der Ersatzbaustelle • Stundennachweise zur Verkehrssicherung, • Stundenachweis für Einarbeitungsverluste.	
Kostenart	Berechnung	Summe
Lohn, gewerbl. MA	Gestiegene Lohnkosten (Tariferhöhung) 330,- € Einarbeitungsverluste 737,28 €	1.067,28
Material	Befestigungsmaterial für Verstärkung Bauzaun	20,00
Pauschalen aus Leistung + Material	Beschilderung dauerhaft einrichten: 225,- € Verstärkung am Bauzaun und Einfahrtstor: 125,-€	350,00
Gerät einschl. Betriebsstoffe	Bagger umsetzen: 1.850,- € Vorhaltung Gerüst: 3.200,- € Vorhaltung Kran: 5.450,- € Kleingerät umsetzen: 125,- €	10.625,00
BE ohne gesondertes Gerät	Baucontainer vorhalten (Mietpreis)	270,00
Nachunternehmer	keine	0
Sonstige Kosten	Kontrollfahrten (jeden Kalendertag): 30 x 75,- €	2.250,00
	Zwischensumme, Einzelkosten der Teilleistungen	14.582,28
Gewinn	Gem. Urkalkulation	9,5 %
Allg. Unternehmerwagnis	Bleibt vollständig erhalten	4,5 %
Projektbezogenes Wagnis	Vandalismus bei Stilllegung gem. Beiblatt zur Urkalkulation	12 %
	Summe Zuschläge in %	26 %
	Summe Zuschläge absolut	3.791,39
	Summe gesamt (netto)	**18.373,67**

Zusammenfassung der Vergütungsansprüche

Lfd. Nr.	**Tatbestand/Sachverhalt**	**Summe**
Xx	Verspäteter Beginn	5.046,10 €
Beispiel 3	Unterbrechung um einen Monat	18.373,67 €
Yy	Häufiges Umsetzen der Mitarbeiter	2.400,00 €
	Summe (netto)	**25.819,77 €**

5.6 Wegfall der Vertragsstrafe

Sinn, Zweck und Charakter von Vertragsstrafen im Bauwesen

Die Vertragsstrafe im Bauwesen kann nicht verglichen werden mit anderen Strafen des Strafrechtes.
Sie kann folgende Funktionen haben:

- „Druck“ auf den anderen Vertragspartner auszuüben, seine **Hauptpflicht zu erfüllen** (vorzugsweise Terminüberschreitung des Auftragnehmers). Dies ist auch ohne Entstehung eines Schadens möglich.
- „Druck“ auf den anderen Vertragspartner auszuüben, seine **Nebenpflichten zu erfüllen** (z.B. auch für unentschuldigte Nichtteilnahme an Baustellenberatungen, fehlende Bauleitung trotz Vereinbarung)
- Die Vertragsstrafe soll den **Aufwand für den konkreten Schadensnachweis** eventuell entbehrlich machen (möglich auch als pauschalierter Schadensersatz).

Vertragsstrafen können nur beansprucht werden, wenn sie zum Vertragsbestandteil wurden. Das kann geschehen durch

- Individualvereinbarungen,
- **wirksame** AGB.

Unabhängig von der Vereinbarung von Vertragsstrafen stehen den Vertragspartnern Schadenersatzansprüche zu, wenn ein tatsächlicher Schaden eingetreten ist. Vereinbarte Vertragsstrafen sind jedoch immer auf den Schadenersatz anzurechnen, wenn es sich um den gleichen Sachverhalt handelt (z.B. Terminüberschreitung). Eine „doppelte“ Inanspruchnahme ist nicht zulässig.

z.B. Vertragsstrafe aus Terminüberschreitung des Auftragnehmers (der komplette Anspruch aus pauschalierter Vertragsstrafe ist entstanden)

Variante	1.	2.	3.	4.
vereinbarte Vertragsstrafe	50	-	50	50
entstandener Schaden	-	50	50	80
Anspruch des Auftraggebers	**50**[13]	**50**	**50**	**80**

[13] nicht bei öffentlichen Auftraggebern

<u>Gesetzliche Regelungen und Regeln der VOB</u>

BGB

§ 339 Verwirkung der Vertragsstrafe.
Verspricht der Schuldner dem Gläubiger für den Fall, dass er seine Verbindlichkeit nicht oder nicht in gehöriger Weise erfüllt, die Zahlung einer Geldsumme als Strafe, so ist die Strafe verwirkt, wenn er in Verzug kommt. Besteht die geschuldete Leistung in einem Unterlassen, so tritt die Verwirkung mit der Zuwiderhandlung ein.

§ 344 Unwirksames Strafversprechen.
Erklärt das Gesetz das Versprechen einer Leistung für unwirksam, so ist auch die für den Fall der Nichterfüllung des Versprechens getroffene Vereinbarung einer Strafe unwirksam, selbst wenn die Parteien die Unwirksamkeit des Versprechens gekannt haben.

§ 345 Beweislast.
Bestreitet der Schuldner die Verwirkung: der Strafe, weil er seine Verbindlichkeit erfüllt habe, so hat er die Erfüllung zu beweisen, sofern nicht die geschuldete Leistung in einem Unterlassen besteht.

VOB/A

§ 9 (4) Der Auftraggeber darf in den Vertragsunterlagen eine Pauschalierung des Verzugsschadens (§ 5 Absatz 4VOB/B) vorsehen; sie soll 5 v.H. der Auftragssumme nicht überschreiten. ***<u>Der Nachweis eines geringeren Schadens ist zuzulassen.</u>***

§ 9 a <u>Vertragsstrafen für die Überschreitung von Vertragsfristen sind nur zu vereinbaren, wenn die Überschreitung erhebliche Nachteile verursachen kann</u>. Die Strafe ist in angemessenen Grenzen zu halten. Beschleunigungsvergütungen (Prämien) sind nur vorzusehen, wenn die Fertigstellung vor Ablauf der Vertragsfristen erhebliche Vorteile bringt.

VOB/B § 11 Vertragsstrafe

1. Wenn Vertragsstrafen vereinbart sind, gelten die §§ 339 bis 345 BGB.
2. Ist die Vertragsstrafe für den Fall vereinbart, dass der Auftragnehmer nicht in der vorgesehenen Frist erfüllt, so wird sie fällig, wenn der Auftragnehmer in Verzug gerät.
3. Ist die Vertragsstrafe nach Tagen bemessen, so zählen nur Werktage; ist sie nach Wochen bemessen, so wird jeder Werktag angefangener Wochen als 1/6 Woche gerechnet.
4. Hat der Auftraggeber die Leistung abgenommen, so kann er die Strafe nur verlangen, wenn er dies bei der Abnahme vorbehalten hat.

<u>unmittelbare Voraussetzungen für eine Vertragsstrafe[14]</u>

1. **Wirksame Vertragstrafenvereinbarung**
2. **„Hauptverbindlichkeit" an die die Vertragsstrafe „gekoppelt" ist**
3. **Vertragsstrafe tatsächlich verwirkt**
4. **Verschulden des Vertragspartners**
5. **Vorbehalt der Vertragsstrafe bei Abnahme (Schlusszahlungsfrist)**

[14]) Schwerpunkte nach: Oberhauser, Iris; Vertragsstrafe- ihre Durchsetzung und Abwehr.

1. Wirksame Vertragsstrafenvereinbarung

Eine Vertragsstrafe kann nach BGB oder im Rahmen der VOB/B § 11 gestaltet und vereinbart werden. Ohne Vereinbarung kann eine Vertragsstrafe nicht gefordert und durchgesetzt werden (Schadenersatz auch ohne Vereinbarung!).

Viele Vertragsstrafenvereinbarungen sind unwirksam, da sie gegen das Recht der AGB oder gegen andere gesetzliche Leitbilder (z.B. sittenwidrig) verstoßen. Das ist z.B. der Fall, wenn einseitig Risiken, die von ihm nicht beeinflussbar sind, auf den Auftragnehmer abgewälzt werden und die daraus resultierenden Strafen unangemessen hoch sind.

Vereinbarungen von Vertragsstrafen mit Hilfe Allgemeiner Geschäftsbedingungen unterliegen der Inhaltskontrolle des AGB – Rechts (BGB §§ 305 ff). Zunächst muss die Vertragsstrafe grundsätzlich

- insgesamt eine angemessene **Obergrenze** haben,
- sich die Vertragsstrafe aus Terminüberschreitung auf eine **Zeiteinheit** beziehen (Tagessatz) und diese nicht unangemessen hoch ist,
- hinsichtlich der Obergrenze und des Tagessatzes eine **Bezugsgröße** haben (z.B. Auftragssumme),
- **verschuldensabhängig** sein,
- auf mögliche **Schadenersatzansprüche** anzurechnen sein (nicht zusätzlich zum Schadenersatzanspruch).

wirksame Obergrenze der Vertragsstrafe aus Terminüberschreitung	**5 % der Auftragssumme**

	Arbeitstag	**Werktag**	**Kalendertag**
zulässige „Tagessätze" der Vertragsstrafe	**0,3 %**	**0,2 bis 0,3 %**	**0,2 %**
unzulässige Beispiele	**0,5 %**		**0,3 %**

Aus der Rechtsprechung (nach IBR)

Vertragsstrafenobergrenze von 10 % in AGB unwirksam!

Eine in Allgemeinen Geschäftsbedingungen des Auftraggebers enthaltene Vertragsstrafe in einem Bauvertrag benachteiligt den Auftragnehmer unangemessen, wenn sie eine Höchstgrenze von über 5 % der Auftragssumme vorsieht, BGH, Urteil vom 23.01.2003 - **VII ZR 210/01**;

1. Wenn sich eine Vertragsstrafe hinsichtlich der Verzögerung in einzelnen Bauabschnitten nach den diesen zugeordneten Preisen berechnet und sich eine Verzögerung gleichzeitig auf mehrere Bauabschnitte auswirkt, liegt keine unangemessene Kumulierung vor.
2. Der Vorbehalt der Vertragsstrafe kann bis zur Schlusszahlung[15] hinausgeschoben werden.
BGH, Urteil vom 23.01.2003 - VII ZR 210/01;

[15] gemeint ist die Schlusszahlungsfrist

2. „Hauptverbindlichkeit“ an die die Vertragsstrafe „gekoppelt“ ist

Unter „Hauptverbindlichkeit“ wird die Werkleistung (Bau oder Planung) verstanden. Diese muss gekennzeichnet sein durch

- Leistungsumfang
- Fertigstellungstermin (ggf. Zwischentermine, wenn von diesen andere Leistungen abhängig sind)

Diese Grundlage kann später verändert werden durch:

- Änderungen des Bauinhaltes und
- Änderung der Bauumstände.

3. Vertragsstrafe tatsächlich verwirkt? - „Fortschreibung“ des Vertragstermins

Hinweis: Die folgenden Aussagen bauen auf einer z.T. unsicheren Rechtsprechung auf.

	Grundsätzliche Fragen	wahrscheinliche Wirkung	Hinweis	Urteile
1.	Ist der neue Termin durch Individualvereinbarungen entstanden?	Vertragsstrafe gilt für neuen Termin	möglichst vereinbaren	
2.	Handelt es sich um eine tiefgreifende Veränderung des Bauablaufes?	Wegfall der Vertragsstrafenregelung	Beweislast beim AN! besser schriftlich anzeigen.	OLG Jena, Urteil vom 22.10.1996 - 8 U 474/96; BGH, Urteil vom 14.01.1993 - VII ZR 185/91; OLG Hamm, Urteil vom 29.05.1996 - 25 U 154/95
3.	Ist der Leistungsumfang erheblich geändert worden?	Wegfall der Vertragsstrafenregelung	Beweislast beim AN! besser schriftlich anzeigen. Nur besseres Material, das zu einer höheren Abrechnungssumme führt, ist nicht zu berücksichtigen.	LG Landau, Urteil vom 14.01.1993 - 2 O 848/92

Aus der Rechtsprechung (nach IBR)

Verschieben die Parteien eines Bauvertrags einvernehmlich den Fertigstellungstermin, kann dadurch eine Vertragsstrafenvereinbarung hinfällig werden.
OLG Hamm, Urteil vom 12.07.2017 - 12 U 156/16

Verlängern die Parteien eines Bauvertrages ohne Bezugnahme auf die vereinbarte Vertragsstrafe die Ausführungsfristen, ist im Zweifel davon auszugehen, dass die Vertragsstrafe nicht aufrechterhalten bleiben soll.
OLG Celle, Urteil vom 21.09.2004 - 16 U 111/04; BGH, Beschluss vom 23.02.2006 - VII ZR 250/04

1. Wird die im Vertrag vereinbarte Fertigstellungsfrist durch einen späteren Bauzeitenplan erheblich verschoben, ohne dass der Auftragnehmer dies zu vertreten hat, so entfällt damit die ursprünglich vereinbarte Vertragsstrafe.
2. Es muss eine neue Vertragsstrafe auf den neuen Fertigstellungstermin vereinbart werden.
OLG Jena, Urteil vom 22.10.1996 - 8 U 474/96; BGH, Beschluss vom 19.02.1998 - VII ZR 354/96

Wird die Bauausführung durch vom Auftraggeber zu vertretende Umstände so erheblich verzögert, dass der ganze Zeitplan des Auftragnehmers umgeworfen und er zu einer durchgreifenden Neuordnung gezwungen wird, so wird die Vertragsstrafenzusage hinfällig.
BGH, Urteil vom 14.01.1993 - VII ZR 185/91;

Der völlige Wegfall einer vereinbarten Vertragsstrafe setzt grundsätzlich voraus, dass die vom Auftragnehmer nicht zu vertretenden Umstände zu einer erheblichen zeitlichen Beeinträchtigung der Bauabwicklung geführt haben.
OLG Frankfurt, Urteil vom 29.05.1996 - 25 U 154/95;

Erhöht sich der Werklohn aufgrund von Sonderwünschen des Bauherrn von DM 537.000,-- auf DM 630.000,--, so entfällt damit die zwischen den Parteien vereinbarte Vertragsstrafe ganz.
LG Landau, Urteil vom 14.01.1993 - 2 O 848/92

1. Eine Vertragsstrafe ist im Hinblick auf den ursprünglich vereinbarten Fertigstellungszeitpunkt nicht verwirkt, wenn der Fertigstellungstermin einvernehmlich verschoben wurde.
2. Auch gilt die Vertragsstrafe für den neuen Fertigstellungstermin nicht automatisch, sondern nur dann, wenn sie ausdrücklich auch für diesen verschobenen Termin wiederum vereinbart worden ist.
3. Ob die Vereinbarung einer Vertragsstrafe auch Bestand hat, wenn die Parteien einverständlich Vertragstermine ändern, hängt insbesondere von der Formulierung der Vertragsstrafenvereinbarung im Einzelfall sowie der Bedeutung der jeweiligen Terminverschiebung ab. Dabei spricht es für ein Fortgelten der Vertragsstrafenregelung auf eine neu vereinbarte Ausführungsfrist, wenn die Vertragsstrafenvereinbarung terminneutral formuliert ist.
4. Die Vereinbarung einer Vertragsstrafe wird insgesamt hinfällig, wenn durch den Auftraggeber bedingte Verzögerungen den Zeitplan völlig aus dem Takt gebracht haben und den Auftragnehmer zu einer durchgreifenden Neuordnung des gesamten Zeitablaufs zwingen.
OLG Düsseldorf, Urteil vom 07.04.2016 - 5 U 81/15

4. Verschulden des Vertragspartners

Der Versuch des AG, eine Vertragsstrafenregelung „ohne Verschulden des AN“ durchzusetzen scheitert im Regelfall. Falls aber ein solches Schreiben vom Auftraggeber kommt, ist den Forderungen nachzukommen.

> **Überschreitung der Fristen gemäß VOB/B § 5 Abs. 3**
> Sehr geehrte Damen und Herren,
> Sie erfüllen Ihre Vertragsleistung nicht fristgerecht. Das betrifft:
> 1. ....
> 2. ....
>
> **Wir setzen Sie hiermit in Verzug** und fordern Sie auf, unverzüglich (s. Vertrag vom .... und Verhandlungsprotokoll) die o.g. Leistungen mit der vertraglich vereinbarten Anzahl von Arbeitskräften zu erbringen / beginnen. *)
> Die Arbeiten sind **unverzüglich**, spätestens am .... , zu beginnen / weiterzuführen. *)
> Die Ergänzung der Belegschaft hat bis spätestens .... zu erfolgen. *)
> Sollte die Ergänzung der Belegschaft / der Arbeitsbeginn *) nicht bis zum angegebenen Datum erfolgt sein, werden wir
> □ den Auftrag gemäß VOB/B § 8 Abs. 3 ganz oder teilweise kündigen und die Leistungen auf Ihre Kosten durch eine Drittfirma ausführen lassen *)
> □ unter Aufrechterhaltung des Vertrages Schadenersatz nach VOB/B § 6 Abs. verlangen. *)
>
> **Weitere Ansprüche aus Schuldnerverzug werden ausdrücklich vorbehalten.**

Aber auch ohne diese Mahnung kommt der AN ggf. in Verzug:

> ***BGB § 286 Verzug des Schuldners***
> *(1) Leistet der Schuldner auf eine Mahnung des Gläubigers nicht, die nach dem Eintritt der Fälligkeit erfolgt, so kommt er durch die Mahnung in Verzug. Der Mahnung stehen die Erhebung der Klage auf die Leistung sowie die Zustellung eines Mahnbescheids im Mahnverfahren gleich.*
> ***(2) Der Mahnung bedarf es nicht, wenn***
> ***1. für die Leistung eine Zeit nach dem Kalender bestimmt ist,***
> *2. der Leistung ein Ereignis vorauszugehen hat und eine angemessene Zeit für die Leistung in der Weise bestimmt ist, dass sie sich von dem Ereignis an nach dem Kalender berechnen lässt,*
> *3. der Schuldner die Leistung ernsthaft und endgültig verweigert,*
> *...*

5. Vorbehalt der Vertragsstrafe bei Abnahme (Schlusszahlungsfrist)

Aus der Rechtsprechung (nach IBR)

Folgende AGB-Klausel ist zulässig: "Die Vertragsstrafe kann auch noch im Zusammenhang mit der Schlusszahlung geltend gemacht und von der sich aus der Schlussrechnung ergebenden Werklohnforderung des AN in Abzug gebracht werden." OLG Dresden, Urteil vom 18.09.1997 - 7 U 763/97; BGH, Beschluss vom 13.07.2000 - VII ZR 249/99

1. Die Abnahme kann (konkludent) auch dadurch erfolgen, dass der Auftraggeber in die Prüfung der Schlussrechnung eintritt.
2. Auch bei einer konkludenten Abnahme muss der Auftraggeber im zeitlichen Zusammenhang mit den dafür maßgeblichen Umständen den Strafvorbehalt erklären. Andernfalls kann er die Vertragsstrafe nicht verlangen.

OLG Köln, Urteil vom 05.07.2017 - 16 U 138/15

Sonderfälle: Kein Anspruch auf Vertragsstrafe

Ein öffentlicher Auftraggeber ist nach Treu und Glauben gehindert, sich auf eine Vertragsstrafenvereinbarung zu berufen, wenn ihm aus der Überschreitung der Vertragsfrist keine erheblichen Nachteile entstehen.

OLG Jena, Urteil vom 22.10.1996 - 8 U 474/96; BGH, Beschluss vom 19.02.1998 - VII ZR 354/96

1. Eine Vertragsstrafe ist nicht verwirkt, wenn es aufgrund von statischen Änderungen und Behinderungen zu erheblichen Verzögerungen gekommen ist und dadurch die durchgreifende Neuorganisation des Bauablaufs erforderlich wurde.
2. Fehlende Behinderungsanzeigen spielen im Rahmen der Verwirkung einer vereinbarten Vertragsstrafe keine Rolle.

KG, Urteil vom 08.04.2014 - 27 U 105/13

1. Wird die Bauausführung durch vom Auftraggeber zu vertretende Umstände so erheblich verzögert, dass der ganze Zeitplan des Auftragnehmers umgeworfen und er zu einer durchgreifenden Neuordnung gezwungen wird, so wird die ursprüngliche Vertragsstrafenzusage hinfällig.
2. Davon ist auszugehen, wenn der Baubeginn vom Auftraggeber bei einer geplanten Bauzeit von ca. zwei Monaten um zwei Wochen verschoben wird.
3. Soll der neu vereinbarte Fertigstellungstermin mit einer Vertragsstrafe bewehrt sein, ist dies unmissverständlich zu regeln. OLG Dresden, Urteil vom 13.12.2006 - 6 U 946/06; BGH, Beschluss vom 04.06.2009 - VII ZR 11/07

6 Werkvertragliche und organisatorische Grundlagen zur Vergütung bei Bauzeitnachträgen

Aus den im Literaturverzeichnis angegebenen Quellen[16] werden in diesem Kapitel ausgewählte Auswirkungen auf die Kosten aus Störungen des Bauablaufes zusammengestellt. Dabei sind die Auswirkungen auf die Lohnkosten häufig am größten und andererseits am kompliziertesten nachzuweisen, während beispielsweise die nach der Störung eingetretenen Steigerungen der Materialpreise einfach zu beweisen sind. Häufig übersehen werden in der Nachtragskalkulation die bei hindernden Umständen weiter bestehenden Verpflichtungen des Auftragnehmers, die z.B. nach einer Kündigung nicht bestehen. Die „Bereitschaftskosten" können mitunter nur teilweise durch die Berechnung der Vorhaltekosten als Bestandteil der BGK und durch Berechnung von zusätzlichen „Koordinierungskosten" im Rahmen der AGK berechnet werden.

Baubetriebliche Unterschiede zwischen Kündigung und Behinderung der Arbeiten

- Eine Behinderung der Arbeiten ist zeitlich begrenzt, eine Kündigung endgültig.
- Der Auftragnehmer ist bei hindernden Umständen verpflichtet, die behinderungsbedingt nicht einsetzbaren Ressourcen bereitzuhalten, um die Arbeiten nach Wegfall der hindernden Umstände wieder unverzüglich wieder aufzunehmen.
- Da der zeitliche Umfang der Behinderungsfolgen in den aller meisten Fällen nicht absehbar ist, kann der Auftragnehmer nicht absehen, ob die Akquisition und Abwicklung eines Füllauftrages realisierbar ist. Der Auftragnehmer hat häufig keine Chance, die Behinderungsfolgen durch Füllaufträge zu kompensieren.

Um die Ansprüche aus den Bereitschaftskosten zu begrenzen, ist in der VOB/B das Kündigungsrecht bei Unterbrechungen von mehr als 3 Monaten für beide Vertragspartner geregelt.

VOB/B § 6 Behinderung und Unterbrechung der Ausführung
(7) Dauert eine Unterbrechung länger als 3 Monate, so kann jeder Teil nach Ablauf dieser Zeit den Vertrag schriftlich kündigen. Die Abrechnung regelt sich nach den Absätzen 5 und 6; wenn der Auftragnehmer die Unterbrechung nicht zu vertreten hat, sind auch die Kosten der Baustellenräumung zu vergüten, soweit sie nicht in der Vergütung für die bereits ausgeführten Leistungen enthalten sind.

▼

(5) Wird die Ausführung für voraussichtlich längere Dauer unterbrochen, ohne dass die Leistung dauernd unmöglich wird, so sind die ausgeführten Leistungen nach den Vertragspreisen abzurechnen und außerdem die Kosten zu vergüten, die dem Auftragnehmer bereits entstanden und in den Vertragspreisen des nicht ausgeführten Teils der Leistung enthalten sind.
(6) Sind die hindernden Umstände von einem Vertragsteil zu vertreten, so hat der andere Teil Anspruch auf Ersatz des nachweislich entstandenen Schadens, des entgangenen Gewinns aber nur bei Vorsatz oder grober Fahrlässigkeit. Im Übrigen bleibt der Anspruch des Auftragnehmers auf angemessene Entschädigung nach § 642 BGB unberührt, sofern die Anzeige nach Absatz 1 Satz 1 erfolgt oder wenn Offenkundigkeit nach Absatz 1 Satz 2 gegeben ist.

[16] u.a. in Drittler, Genschow/Stelter, Kapellmann/Schiffers, Lang, Lehmann, Rodde, Schottke Vygen

6.1 Das Wetter

VOB/B § 6 Behinderung und Unterbrechung der Ausführung *Abs. 2, Nr. 2. Witterungseinflüsse während der Ausführungszeit, mit denen bei Abgabe des Angebots normalerweise gerechnet werden musste, gelten nicht als Behinderung.*

Bei vielen Bauarbeiten haben die Witterungsbedingungen Einfluss auf die Produktivität der Mitarbeiter. Dies betrifft insbesondere die kalte Jahreszeit, die außerdem häufig zusätzliche Maßnahmen zur Beheizung der Arbeitsstätten, Untergründe und Materialien erfordert. Waren bereits in der Ausschreibung die Arbeiten in einer ungünstigen Jahreszeit vorgesehen, gehört es zum unternehmerischen Risiko, diese möglichen Produktivitätsverluste einzukalkulieren. Witterungsbedingungen, mit denen der Auftragnehmer bei Angebotsabgabe rechnen musste, berechtigen ihn also nicht, diese Produktivitätsverluste und zusätzlichen Aufwendungen dem Auftraggeber in Rechnung zu stellen.
Verschieben sich jedoch die Arbeiten auf Grund von Ursachen aus dem Einflussbereich des Auftraggebers in eine ungünstige Jahreszeit (z.B. war im Vertrag der September als Ausführungszeit vereinbart und kommen nun die Arbeiten erst im Februar des Folgejahres zur Ausführung) können die daraus erwachsenden Mehraufwendungen des Unternehmers beim Auftraggeber geltend gemacht werden. Dieser ist jedoch nicht schutzlos, sondern er kann diese Mehrkosten beim Verursacher der Verzögerung (Planlieferung oder vorangegangene Gewerke) als Schadenersatz geltend machen.

Minderleistungskennzahlen in % von der Normalleistung (nach Einarbeitung) nach Lang

Arbeiten / Gewerk	komplette Einhausung bzw. Baukörper geschlossen		Schutz einzelner Bauteile		Arbeitsplatz im Freien	
	Frost	Eis	Frost	Eis	Frost	Eis
Baustelle einrichten	-	-	-	-	4	8
Be- und Entladen	2	4	2	4	4	8
Erdarbeiten (Hand)	-	-	3	7	8	15
Transportarbeiten	2	4	4	6	6	10
Betonarbeiten	2	4	5	8	10	16
Schalungsarbeiten	4	8	10	18	20	30
Bewehrungsarbeiten	6	10	12	24	20	35
Maurerarbeiten	5	8	8	12	16	22
Putzarbeiten / Trockenbau	6	10	-	-	-	-
Malerarbeiten	6	10	-	-	-	-
Dachdeckerarbeiten	-	-	-	-	15	25
Installationen (alle Gewerke)	4	6	8	10	12	15
Fertigteilmontage	-	-	-	-	5	10

Alle anderen Aufwendungen können zu den tatsächlich erforderlichen Kosten mit angemessenen Zuschlägen für Allgemeine Geschäftskosten, Wagnis und Gewinn abgerechnet werden. Ein Rückgriff auf die Urkalkulation ist im Regelfall nicht möglich, da die Leistungen in einer anderen Jahreszeit geplant waren, in der die zusätzlichen Aufwendungen nicht notwendig waren.

Hat der Auftraggeber die Wahlmöglichkeit zur Stilllegung der Baustelle (und der Kostentragung dafür) oder zur Vergütung der witterungsbedingten Mehrkosten, ist unbedingt eine (schriftliche) Einigung zum Vorgehen und zur Vergütung herbeizuführen. Der AN sollte sich nicht eigenmächtig für eine Variante entscheiden.

6.2 Lohnkosten

Lohnkosten steigen immer dann, wenn die in der Angebotskalkulation vorgesehene Produktivität nicht erreicht werden kann. Liegen die Ursachen beim Auftragnehmer, hat er keinen Anspruch auf Ersatz der entstehenden Kosten. Hat jedoch der Auftraggeber die Ursache zu vertreten, können Vergütungs- bzw. Schadenersatzansprüche entstehen. Dies betrifft insbesondere:

- angeordnete oder vereinbarte Überstunden,
- unplanmäßige Unterbrechungen der Arbeiten,
- Verstärkung der Kolonnen über das sinnvolle Maß hinaus zur Beschleunigung der Arbeiten,
- unplanmäßige Verschiebung der Arbeiten in eine ungünstigere Jahreszeit. (bereits im vorigen Kapitel „Wetter" behandelt.)

zu 1.

Leistungsabfall bei Überstunden

Für die Leistungsentwicklung im Laufe eines Arbeitstages gibt es viele empirische Darstellungen, die nachweisen, dass zu Beginn des Arbeitstages die Produktivität unter dem Durchschnittswert des Tages liegt, danach über diesen Durchschnittwert steigt, nach 4 bis 5 Stunden abfällt und nach einer (Mittags-)pause wieder steigt. Gegen Ende der achten Stunde, fällt die Produktivität wieder ab. Werden Überstunden angeordnet, verläuft diese Kurve etwas flacher und der Leistungsverlust tritt unbewusst bereits eher ein (Kräfte bis zum Ende des Tages haben). Diese praktischen Erkenntnisse haben sich jedoch in der Rechtsprechung zu Mehrvergütungsansprüchen nicht durchgesetzt. Man geht von einer gleich bleibenden kalkulierten Durchschnittsleistung von der ersten bis zur achten Stunde aus und setzt danach einen (nahezu linearen) Leistungsabfall an. Diese vereinfachte Darstellung kann es sogar dem Auftragnehmer erleichtern, den Nachweis eines Leistungsabfalles zu erbringen. Zwei Beispiele aus der Literatur verdeutlichen dieses Vorgehen.

Ansatz nach Lehmann (Praktische Arbeitspsychologie), alle Werte gerundet:

tägliche Arbeitszeit	durchschnittlicher Leistungsabfall ab der 9. Stunde	Verfügbare Gesamtleistung (kumuliert) nach der 8. Stunde	Verlust beim Unternehmer
h	%	h	h
9	50	0,50	0,50
10	60	0,90	1,10
11	70	1,25	1,75
12		1,50	2,50

Idealisierte Leistungskurve nach Lang[17] (lineare Reduzierung in der 16. Stunde auf 0 Leistung). In der Baupraxis haben die Werte nach der 12. Stunde keine praktische Bedeutung. Bei körperlich schwerer und mittelschwerer Arbeit sowie einseitiger Belastung gilt die Linie:

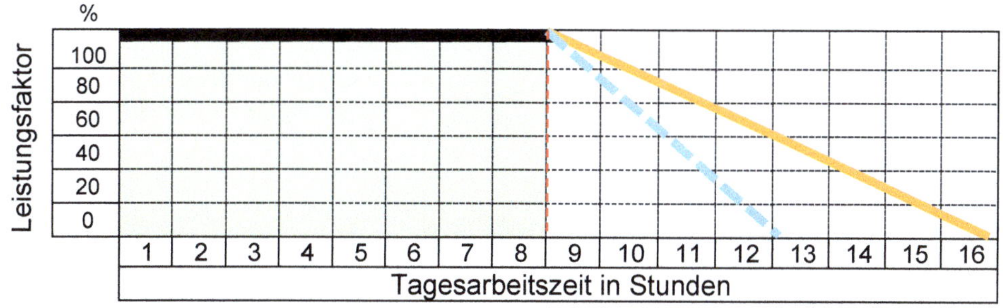

zu 2.

Verluste durch Einarbeitung nach Unterbrechung[18]

Nur wenige Arbeiten werden sofort mit 100 % der Leistungsfähigkeit ausgeführt. Werden gleiche oder ähnliche Arbeiten mehrfach wiederholt, werden die Ausführungszeiten je Leistungseinheit kürzer. Dieser Sachverhalt wird als „Einarbeitungseffekt" bezeichnet. Die Größe des Einarbeitungseffekts hängt neben der Anzahl der Wiederholungen, vom Zeitraum, in dem die Wiederholungen eintreten, und von der Art der Arbeit ab. Im Bild ist der schematische Verlauf einer Einarbeitungskurve dargestellt. Ausgehend vom hohen Anfangswert wird die Kurve rasch flacher und strebt dann einem „Normalwert" zu. In der Kalkulation wird die Einarbeitungsphase durch Verwendung eines gegenüber dem Normalwert höheren „Durchschnittswerts" berücksichtigt. Sie findet sich also nicht als besonderer Zuschlag in der Urkalkulation wieder.

[17] auch im Buch Vygen u.a. Bauverzögerung und Leistungsänderung.

[18] aus Arbeitszeitrichtwerte Hochbau, Lang sowie Vygen u.a.

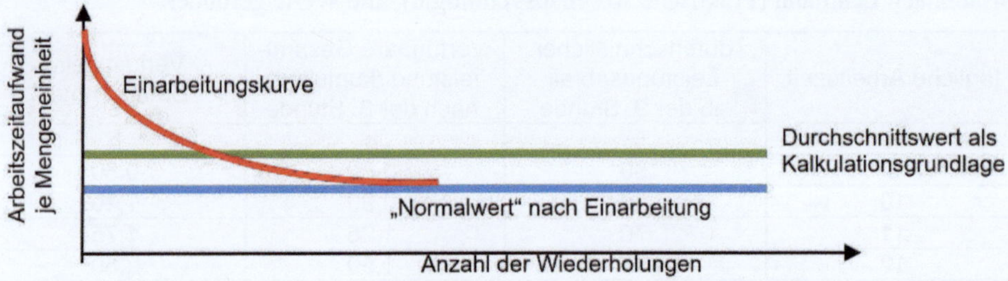

Der Aufwand je Mengeneinheit der ersten Leistung liegt um ca. 20 % (einfache Arbeiten) bis 60 % (komplizierte Arbeiten) über dem kalkulierten Durchschnittswert der Produktivität. Der „Normalwert“ nach Einarbeitung wird üblicherweise nach 4 bis 6 Wiederholungen erreicht.

Beispiel für Mehraufwand durch Einarbeitung: Wandschalung mit Universal- oder Systemschalung

Kategorie		erstmalige Ausführung	Anzahl der Wiederholungen (gleichartige Arbeitsabschnitte)				
		1	2.	3.	4.	5.	6.
1	einfache Bauten mit gleichen Querschnitten und Geschosshöhen	1,45	1,25	1,12	1,06	1,00	1,00
2	Bauten mit unterschiedlichen Wandquerschnitten	1,50	1,38	1,29	1,18	1,08	1,00

Störungen (Unterbrechungen), während oder nach der Einarbeitungsphase, bewirken einen teilweisen oder völligen Neubeginn der Einarbeitung. Dadurch steigt der durchschnittliche Zeitaufwand pro Einheit und damit ergeben sich Lohnmehrkosten. Entscheidend für die Höhe der Lohnmehrkosten sind besonders die Größe des Einarbeitungseffekts und die Dauer der Unterbrechung. Unterbrechungen von kurzer Dauer, wie sie im Bauablauf ohnehin üblich sind (Wochenende), führen nur zu geringen Einarbeitungsverlusten. Hieraus kann der Auftragnehmer keine Ansprüche ableiten. Ebenso sind Ansprüche ausgeschlossen, wenn die Arbeiten planmäßig unterbrochen werden (z.B. bei Installationsarbeiten die Unterbrechung zwischen Rohinstallation und Objektmontage). Unplanmäßige längere Unterbrechungen von Wochen oder Monaten bewirken den vollständigen Verlust der durch die Einarbeitung erzielten Aufwandsreduktion. Bei unplanmäßiger Unterbrechung der Arbeiten kann der behinderungsbedingte Mehraufwand im Rahmen des Bauzeitnachtrages geltend gemacht werden.

Beispiel:
Unterbrechung der Schalarbeiten (Kategorie 1: einfache Bauten mit gleichen Grundrissen, Wandquerschnitten und Geschosshöhen) aufgrund von Behinderungen durch den Auftraggeber für 2 Monate. Danach werden die Arbeiten noch zweimal ausgeführt.
Preis der Restarbeiten: 50,- T€
darin enthalten Lohnanteil einschl. Zuschläge: 30,- T€ (Da die AGK hier im Beispiel umsatzabhängig kalkuliert wurden sind die Zuschläge für AGK auch auf den höheren Lohnanteil zu beaufschlagen.)

Die zweifache Ausführung soll hier je 50 % der Restleistung betragen.

Vereinfachte Berechnung des Lohnanteiles nach Wiederaufnahme der Arbeiten:

- Zuschlag für die neu beginnende Arbeit: (angesetzt mit 50 % des Lohnanteiles – Bezug 30 T€) Verlust 45 %
- Zuschlag für die einmalige Wiederholung der Arbeit: (angesetzt mit weiteren 50 % des Lohnanteiles – Bezug 30 T€ = 15 T€) Verlust 25 %

Nachtragsforderung Lohnanteil

- erstmalige Ausführung nach Unterbrechung: 15.000,- € x 0,45 (%) = 6.750,- €
- <u>Wiederholung der Arbeiten 15.000,- € x 0,25 (%) = 3.750,- €</u>

Nachtragsforderung für wiederholte Einarbeitung 10.500,- €
als Zuschlag auf die restliche Vergütung von 50,- T€

Die BGK werden für die Stillstandszeit der Baustelle separat berechnet.
Außerdem sind die Aufwendungen zur „Konservierung“ des Zwischenzustandes hinzuzurechnen.

Die Nachtragsforderung aus Wiedereinarbeitung nach Unterbrechung kann auch unter Verwendung der gleichen Zahlen wie folgt berechnet werden:
15.000,- € x (0,45 + 0,25) = 10.500,- €
Es wird nur einmal der Wert je Wiederholungen angesetzt und mit der Summe der Leistungsabfälle multipliziert.

zu 3.

<u>Verstärkung der Kolonnen über das sinnvolle Maß hinaus zur Beschleunigung der Arbeiten - Verluste durch Änderung der Kolonnenzusammensetzung</u>

Für den überwiegenden Teil der Bauarbeiten gibt es sinnvolle Kolonnengrößen, die u.a. abhängig sind von:

- der Art der Arbeit,
- Größe der Baustelle,
- den eingesetzten Maschinen und Geräten.

Die häufig erhoffte Halbierung der Bauzeit durch Verdoppelung der Kolonnengröße trifft in der Praxis nur sehr selten ein. [19] Die Änderung der Kolonnenzusammensetzung kann zwar zur Beschleunigung der Arbeiten führen, ein linearer Zusammenhang von Kolonnengröße und Bauzeit besteht jedoch nicht.

[19] Ein Kran arbeitet nicht doppelt so schnell, weil zwei Kranfahrer ihn bedienen.

Diesen Zusammenhang stellt Lang[20] z.B. wie folgt dar:

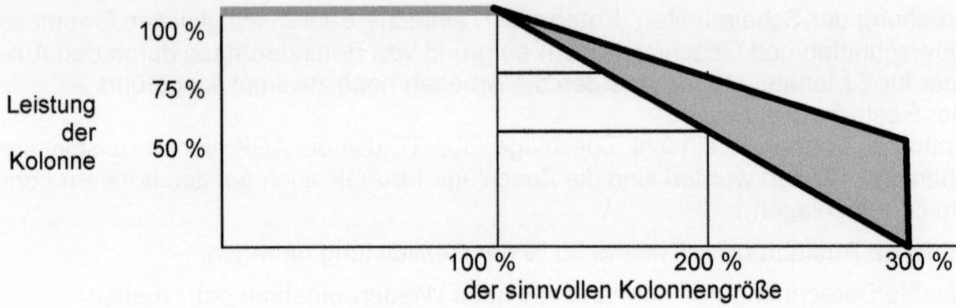

Diese grobe Darstellung genügt nicht, um für den konkreten Sachverhalt einen Nachtrag zu begründen. Der Unternehmer muss hier einen detaillierten Nachweis über den Produktivitätsverlust erbringen. Das ist z.B. mit dem in Teil 1 (in dieser Reihe) beschriebenen mitlaufenden Soll-Ist-Vergleich nach Koß[21] möglich.

6.3 Gerätekosten

Für die Bestimmung der Ansprüche des Unternehmers auf Erstattung von Gerätekosten aus Behinderungen der Bauarbeiten gilt der Grundsatz, dass nur der zeitliche Umfang anzusetzen ist, wie er tatsächlich entstanden ist und nicht zu vermeiden war. Das bedeutet für den Unternehmer, dass er sich um einen anderweitigen Einsatz des Gerätes bemühen muss. Der ggf. vom Auftraggeber zu tragende Aufwand zur Umsetzung bleibt davon unberührt. Es sind also zunächst zwei Werte zu bestimmen:

- Gerätekosten als Stillstandskosten auf der Baustelle beim Verbleiben des Gerätes auf der Baustelle. Muss der Unternehmer für eine andere Baustelle ein zusätzliches Ersatzgerät ausleihen, weil er das Gerät planmäßig auf der nächsten Baustelle einsetzen wollte, können diese Kosten in die Berechnung der Stillstandskosten einbezogen werden.
- Gerätekosten für das Umsetzen auf eine andere Baustelle, wenn das Gerät auf einer anderen Baustelle eingesetzt oder an den Verleiher zurückgegeben werden kann.

Da der Auftraggeber ggf. die Wahlmöglichkeit hat, sind ihm beide Kosten zeitnah nach Stillstand der Baustelle vorzulegen und eine zeitnahe Entscheidung zu verlangen.
Zur Höhe der Stillstandskosten hat die Rechtsprechung ein vereinfachtes Verfahren entwickelt, dass dem Unternehmer einen detaillierten Nachweis ersparen kann.

„Zur Bemessung des Schadens des Unternehmers durch verlängerte Vorhaltung von eigenen Geräten und Maschinen sind die jeweiligen Kosten anhand der Baugeräteliste zu schätzen, wobei ein im üblichen Rahmen liegender, in der Regel kostendeckender Faktor von ca. 70 % des Baugerätelistenwertes anzusetzen ist.“ OLG Düsseldorf, Urteil vom 25.02.2003 - 21 U 80/02; (aus IBR)

---

[20] in Vygen u.a. Bauverzögerung und Leistungsänderung

[21] Koß, Erich; Herkömmlich bauen - Rationell bauen, Frankfurt 1994 (in Teil 1 der Seminarunterlagen enthalten)

6.4 Allgemeinen Geschäftskosten

Allgemeine Geschäftskosten können

- pro Auftrag oder bezogen auf die Auftragssumme kalkuliert sein,
- mit differenzierten oder einheitlichen Zuschlägen auf die EKT kalkuliert worden sein,
- zeitunabhängig oder zeitabhängig sein,
- mengenunabhängig oder mengenabhängig sein.

In den meisten Fällen werden die Einzelkosten der Teilleistungen (EKT) neben einem Zuschlag für Wagnis und Gewinn mit einem prozentualen Zuschlag für Allgemeine Geschäftskosten beaufschlagt. Der Unternehmer geht dabei davon aus, dass in der vorgesehenen Bauzeit ein Teil der Allgemeinen Geschäftskosten für das Gesamtunternehmen erwirtschaftet wird. Wird nun der Bauablauf gestört, ohne dass Mehrleistungen anfallen, können die geplanten Kosten nicht erwirtschaftet werden, obwohl sie unabhängig von den hindernden Umständen entstehen (ja sogar häufig dadurch steigen, da der Unternehmer versuchen muss den Behinderungsschaden so gering als möglich zu halten und damit ein erhöhter organisatorischer Aufwand notwendig wird) [22]. Es entsteht damit eine Unterdeckung der Allgemeinen Geschäftskosten für die der Unternehmer einen Ausgleich beanspruchen kann, wenn er nicht anderweitig die AGK erwirtschaften kann. Werden Mehrleistungen erbracht, für die eine Vergütung gezahlt wird, können diese Leistungen im Regelfall mit den kalkulierten AGK beaufschlagt werden.

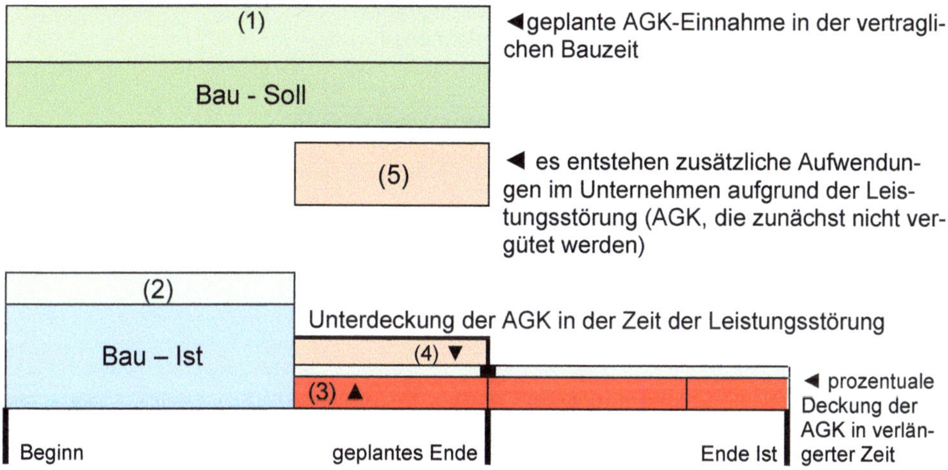

Unterdeckung der AGK in der vertraglichen Bauzeit (verändert nach: Gentschow; Stelter: Störungen im Bauablauf)

[22] außerdem entstehen erhebliche Zusatzaufwendungen durch die zusätzlichen Dokumentationserfordernisse

Nach diesem Schema sind die Nachtragsforderungen wie folgt zu berechnen:

Vertraglich vereinbarte AGK-Deckung in der geplanten Bauzeit (1)
- in der Zeit der regulären Leistungserbringung erzielte Deckung (2)
- anteilige Deckung aus verminderter Leistung (3)
Anspruch auf Vergütung der nicht gedeckten AGK (4) => besser „zusätzliche Koordinierungskosten"

Die Berechnung der AGK- Unterdeckung muss als Nachtrag zum Zeitpunkt der ursprünglich geplanten Fertigstellung erfolgen! Da der Auftraggeber behaupten wird, dass die AGK in der Folgezeit erwirtschaftet werden erscheint es praktikabler von „zusätzlichen Koordinierungskosten" zu sprechen, die bei einem ungestörten Ablauf nicht entstanden wären.

6.5 Zusammenfassung angemessener Ansätze für Mehrkosten aus AG-Anweisungen und Störungen des Bauablaufes

Die folgende Übersicht entstand aus der Analyse einer Vielzahl von Literaturstellen und Nachtragskalkulationen. Die Größen stellen nur Richtwerte dar, die im Streitfall einen detaillierten Nachweis durch den Auftragnehmer nicht ersetzen können.

Ursachen	Auswirkungen	Vorgehen
Lohnkosten		
Änderung der Kolonnenzusammensetzung (insbesondere bei Verstärkung der Kolonnen)	bis zu 50 % Leistungsabfall für zu große Kolonnen,	Nachweis durch Mitschreibung
Häufiger Arbeitsplatzwechsel	bis zu 25 % Leistungsabfall am Tag des Umsetzens	
Witterung bei der zwar noch gearbeitet werden kann, die jedoch nicht optimal ist	durchschnittlich 10 % Leistungsabfall über die gesamte Zeit	
Verlust für Einarbeitung nach Wiederaufnahme der Arbeiten	bis zu 40 % am ersten Tag	
Produktivitätsabfall bei Überstunden	Stunde ►Leistung 9. ► 70 - 50 % 10 ► 60 - 40 % 11.► 50 - 30 %	

Gerätekosten		
Zusätzliche Gerätekosten für Beschleunigung	in tatsächlicher Höhe + AGK + W + G oder	Nachweis
	auf der Grundlage der Kalkulation	Preisniveau des Angebotes nutzen
Verminderte Auslastung	Leistungsdifferenz als Schaden	Vergleich der kalkulierten Leistung mit der tatsächlichen Leistung
Geräteüberstunden	Anspruch trotz gleicher Leistung	Abschreibungssätze aus verkürzter Lebensdauer berechnen
Verlängerung der Vorhaltezeit	höhere Vorhaltekosten	Nachweis durch Soll-Ist-Vergleich der Bauzeit
Materialkosten		
Gestiegene Materialpreise	höhere Einkaufspreise + AGK + W +G	Nachweis der Einkaufspreise nach der vorgesehenen Bauzeit
Zwischenlagerung und Schutz von Materialien	Kosten für zusätzliche Transporte + auch für fiktive Mieten	tatsächliche Kosten + ortsübliche Miete
Kapitalbindung durch Zwischenfinanzierung	Kapitalkosten	gesetzlicher Zins oder tatsächliche Kosten
Gemeinkosten der Baustelle + AGK		
Verlängerung der Bauzeit (auch durch Unterbrechung)	Bauleitergehälter, Unterhalt der BE, Versorgung der Baustelle, Kosten der Vertragserfüllungsbürgschaft	Differenz zwischen Soll- und Ist-bauzeit ermitteln und daraus den variablen Teil
	Allgemeine Geschäftskosten nicht gedeckt	Prozentualer Ansatz aus der Angebotskalkulation für verlängerte Bauzeit
Sonstige Kosten		
	Kosten der Schadensermittlung, zusätzliche Fremdleistungen, Sachverständigenkosten	Nachweis der tatsächlichen Kosten

7 Praxisbeispiele zur Kalkulation behinderungsbedingter Mehrkosten

Die folgenden Beispiele sollen als Anregung für den Aufbau von Nachtragskalkulationen sein. Entsprechende Anpassungen an die tatsächlichen Situationen sind notwendig.

7.1 Durch den AG zu vertretender verspäteter Beginn (verspätete Zuschlagerteilung)

Nachdem bereits mehrfach genutzten Schema in den Büchern Teil 1 und 2 wird zunächst der Nachtrag begründet.

Nachtragskalkulation

1. Bauvorhaben:
2. Nachtragsnummer (oder Sachverhalt) *z.B.* *verspäteter Beginn unserer Arbeiten wegen …*
3. Raum, Achse, Bereich: *räumliche Zuordnung genau vornehmen, da geforderten Leistung ggf. später die gleichen Arbeiten in anderen Räumen ausgeführt werden sollen; oder auch gesamter Auftrag*
4. Ihre Mitteilung vom …
5. Zeitliche Verschiebung der Ausführung in der Position …. / gesamter Auftrag
6. *Die zeitliche Verschiebung führt zu höheren Kosten aufgrund*
   - □ *gestiegener Einkaufspreise für das Material,*
   - □ *einer tariflichen Lohnerhöhung,*
   - □ *Wegfall von Rabatten auf … (z.B. auch NU-Kosten),*
   - □ ………………………………………
7. Anspruchsgrundlage (Preisniveau): *Da wir die ursprünglich beauftragte Leistung in einer Zeit vor der Kostensteigerung erbringen sollten, entstehen nun Mehrkosten die gem. VOB/B § 2 Abs. 5 oder § 6 Abs. 6 (unter den dort genannten Voraussetzungen) vom Auftraggeber zu erstatten sind.*
8. Leistung: …..
9. *Bei der Zeitverschiebung handelt es sich um eine geänderte Art der Leistungserbringung (Bauumstände).*
10. Kalkulation:

    Die Abrechnung der vertraglich vereinbarten Leistung erfolgt auf der Grundlage des Preises im LV vom ….. und dem unter Pos. … angegebenen Einheitspreis.

    Zusätzlich stellen wir folgende Kosten in Rechnung, die aufgrund des verspäteten Beginns entstanden sind …..
11. Änderungen anderer Leistungsteile:
    - □ Andere Leistungsteile sind von diesem Nachtrag nicht betroffen.
    - □ Folgende Leistungen ändern sich aufgrund der hier beschriebenen Leistung … . Eine Kalkulation hierzu ist uns derzeit noch nicht möglich.

Beispiel

Verspäteter Beginn des Gesamtauftrages

Auftragssumme: 100.000,-€

- im Vertrag vorgesehene Ausführungszeit: 3. März bis 23. April 2014 (36 Arbeitstage)
- Ausführungszeit aufgrund Ihrer Anweisung gem. VOB/B § 2 Abs. 5: vom 30. Oktober bis 19. Dezember 2014 (36 Arbeitstage)

Behinderungsbedingte Mehrkosten
Im Vertrag enthaltene Kostenbestandteile, die sich aufgrund der Verschiebung der Ausführungszeit geändert haben

	Grundlage des Vertrages (netto)	Nachtragsforderung
Lohnkosten + 2,2 % (neuer Tarifabschluss)	30.000,- €	660,00 €
Stoffkosten + 2,5 % (Preissteigerung gem. ursprünglichem Händlerangebot)	40.000,- €	1.000,00€
Produktivitätsabfall aufgrund ungünstigeren Witterungsbedingungen (Außentemperaturen).	Auswirkungen auf den Lohnanteil gem. Richtwerttabelle: 8,5 % Produktivitätsabfall	Daraus resultierende Mehrkosten (Lohn) zum gestiegenen Lohnanteil: 30.660,- € x 0,085 = 2.606,10 €
Zusätzliche Koordinierungskosten	diese sind nicht mit den AGK des Vertrages abgegolten	12 Bauleiterstunden á 65,00 €/h =780,00 €
Summe behinderungsbedingte Mehrkosten		5.046,10 €

7.2 Durch den AG zu vertretende Unterbrechung der Arbeiten

Das folgende Fallbeispiel soll die Kombination der unterschiedlichen Auswirkungen zeigen. Beim Nachweis der behinderungsbedingten Mehrkosten werden die konkreten Auswirkungen der Ursache (hier Unterbrechung der Arbeiten) detailliert dargestellt.

Unterbrechung der Arbeiten aufgrund Ihrer Anweisungen

Auftragssumme: 100.000,-€

- im Vertrag vorgesehene Ausführungszeit: 3. März bis 23. April 2014 (36 Arbeitstage)
- Unterbrechung der Arbeiten vom 24. März 2014 bis 23. Juni 2014
- Ausführungszeit aufgrund Ihrer Anweisung gem. VOB/B §2 Abs. 5: ab 24. Juni bis 17. Juli (18 Arbeitstage)

Im Vertrag enthaltene Kostenbestandteile, die sich geändert haben

	Grundlage des Vertrages (netto)	Nachtragsforderung
Lohnkosten + 2,2 % gem. neuen Tarifabschluss	30.000,- € davon bis 23.4.2014 geleistet: 15.000,- €	330,00 €

Außerdem

1. Zeitverlust durch kurzfristiges Umsetzen der Mitarbeiter aufgrund der Unterbrechung
   3 MA x 2 Stunden x 34,68 €/h = 208,08 €.
2. Produktivitätsabfall aufgrund erneuter Einarbeitung bei einem Einarbeitungsfaktor von 1,25 für den Neubeginn. Dieser Einarbeitungsfaktor wird Ihnen entgegen den Angaben aus der Literatur und Rechtsprechung nur für den ersten Tag berechnet (sonst für 4 bis 5 Tage mit fallender Tendenz).
   3 MA x 8 h x 34,68 €/h x 1,022 für Lohnerhöhung x 0,25 als Zuschlag für Einarbeitung = 212,66 €.
3. zusätzliche Schutzmaßnahmen für unsere bereits ausgeführten Leistungen gem. gesonderter Aufstellung (Einrichten, Vorhalten, Beseitigen) = 876,50 €.
4. Kosten der Baustelle für verlängertes Vorhalten: kalkulierte zeitabhängige Kosten der Baustelleneinrichtung 8 % der Auftragssumme = 8.000,00 €; ergibt bei 36 Arbeitstagen 222,22 €/Arbeitstag.
   Zusätzliches Vorhalten der BE für 61 Arbeitstage (Feiertage sind abgezogen worden) = 13.555,42€

Nachtragsforderung aus	
Steigerung der Lohnkosten aufgrund eines höheren Tarifabschlusses	330,00 €
Zeitverlust durch Umsetzen der MA (gem. Pkt. 1)	208,08 €
Produktivitätsabfall durch langzeitige Unterbrechung (einschl. Berücksichtigung der gestiegenen Lohnkosten je Stunde) gem. Pkt.	212,66 €
Schutzmaßnahmen gem. Pkt. 3	876,50 €
Vorhalten der BE für die Zeit der Unterbrechung (gem. Pkt. 4)	13.555,42 €
gesamt	**15.182,66 €**

7.3 Häufiges Umsetzen der Mitarbeiter

Das Anordnungsrecht des Auftraggebers zu Arbeitsabläufen ist in der VOB/B beschrieben. Wenn durch diese Anordnungen Erschwerungen gegenüber dem geplanten bzw. vereinbarten Ablauf entstehen, kann der Auftragnehmer verlangen, dass ihm die daraus entstehenden Mehrkosten vergütet werden.

> ***VOB/B § 4 Ausführung (1)***
> *3. Der Auftraggeber ist befugt, unter Wahrung der dem Auftragnehmer zustehenden Leitung (Absatz 2) Anordnungen zu treffen, die zur vertragsgemäßen Ausführung der Leistung notwendig sind. Die Anordnungen sind grundsätzlich nur dem Auftragnehmer oder seinem für die Leitung der Ausführung bestellten Vertreter zu erteilen, außer wenn Gefahr im Verzug ist. Dem Auftraggeber ist mitzuteilen, wer jeweils als Vertreter des Auftragnehmers für die Leitung der Ausführung bestellt ist.*
> *4. Hält der Auftragnehmer die Anordnungen des Auftraggebers für unberechtigt oder **unzweckmäßig**, so hat er seine Bedenken geltend zu machen, die Anordnungen jedoch auf Verlangen auszuführen, wenn nicht gesetzliche oder behördliche Bestimmungen entgegenstehen. **Wenn dadurch eine ungerechtfertigte Erschwerung verursacht wird, hat der Auftraggeber die Mehrkosten zu tragen.***

Unzweckmäßig können z.B. sein:

- andere Arbeitsabläufe,
- Verlangen nach Einsatz anderer Technik,
- Verlangen nach anderen Verfahren.

Obwohl in der VOB/B an dieser Stelle die Schriftform nicht gefordert wird, erscheint sie im Interesse des Auftragnehmers sinnvoll, um später die berechtigten Ansprüche durchsetzen zu können.

> **Bedenken gegen Ihre Anordnung gem. VOB/B § 4 Abs. 1 Nr. 4**
> Sehr geehrte Damen und Herren,
> bei der Baustellenberatung am ... / Ihrem Besuch auf der Baustelle am ... haben Sie Anweisungen für die Ausführung gegeben, die nach unserer Auffassung unberechtigt / unzweckmäßig*) sind. Wir melden hiermit Bedenken gegen Ihre Anweisung an, da sie gegenüber der vorgesehenen Ausführung ungerechtfertigte Erschwerungen für uns mit sich bringen. Dies hat auch zur Folge, dass Mehrkosten für die Ausführung entstehen, die Sie gem. VOB/B § 4 Abs. 1 Nr. 4 zu tragen haben.
> □ Den Vergütungsanspruch für diese Mehrkosten melden wir hiermit dem Grunde nach an. Ob Ihre Anweisung einen Einfluss auf die Bauzeit hat, können wir derzeit noch nicht abschätzen. *)
> □ Bitte prüfen Sie, ob Sie trotz unserer Bedenkenanmeldung bei Ihrer Anordnung bleiben. Wir benötigen Ihre Rückäußerung bis ..., damit nicht zusätzliche Behinderungen im Bauablauf entstehen. *)
>
> *) nicht zutreffendes streichen

Nachtragskalkulation

1. Bauvorhaben:
2. Nachtragsnummer (oder Sachverhalt) *z.B. häufiges unplanmäßiges Umsetzen der Arbeitskräfte auf der Baustelle wegen fehlender Baufreiheit für ein kontinuierliches Arbeiten*
3. Raum, Achse, Bereich: *räumliche Zuordnung genau vornehmen, da geforderten Leistung ggf. später die gleichen Arbeiten in anderen Räumen ausgeführt werden sollen*
4. Ihre Anweisung vom ... , unsere Anmeldung von Bedenken vom ...
5. Geänderte Ausführung in der Position ....
6. *Die geforderte Änderung bringt ungerechtfertigte Erschwerungen für uns*
7. Anspruchsgrundlage (Preisniveau): *Da wir für die ursprünglich beauftragte Leistung anders disponiert haben entstehen uns Mehrkosten, die gem. VOB/B § 4 Abs. 1 Nr. 4 vom Auftraggeber zu erstatten sind.*
8. Leistung: .....
9. *Es handelt sich um eine geänderte Art der Leistungserbringung (Bauumstände)*
10. Kalkulation:
    Die Abrechnung der vertraglich vereinbarten Leistung erfolgt auf der Grundlage des Preises im LV vom und dem unter Pos. ... angegebenen Einheitspreis.
    Zusätzlich stellen wir folgende Kosten in Rechnung, die aufgrund Ihrer Anweisung entstanden sind .....
11. Änderungen anderer Leistungsteile:
    - ☐ Andere Leistungsteile sind von diesem Nachtrag nicht betroffen.
    - ☐ Folgende Leistungen ändern sich aufgrund der hier beschriebenen Leistung ... eine Kalkulation hierzu ist uns derzeit noch nicht möglich.
    - ☐ folgende Leistungen entfallen ...
    - ☐

Nachtragskalkulation für angewiesenes häufiges Umsetzen auf der Baustelle für Pos.: ...

Sie haben am ... die Anweisung gegeben, dass die Arbeiten in den Räumen, in denen wir tätig waren, zu unterbrechen sind und wir an anderer Stelle Teilleistungen erbringen mussten.
Mit Schreiben vom ... haben wir Ihnen mitgeteilt, dass diese Anweisung unzweckmäßig ist und zu einem Mehraufwand führt. Auf Ihr Verlangen hin haben wir gem. VOB/B § 4 Abs. 1 Nr. 4 die Leistung wie von Ihnen gefordert ausgeführt.
Der nicht mehr kontinuierliche Arbeitsfluss und die zusätzlichen Aufwendungen für das mehrfache Einrichten und Räumen der gleichen Arbeitsplätze führte zu Produktivitätsverlusten, die wir durch Leistungsmitschreibung der Kolonnen ermittelt haben.
Danach ergibt sich folgendes Bild:

- Kalkulierte und tatsächlich erreichte Produktivität bis zu Ihrer Anweisung: 0,2 Stunden/m^2
- Nachweis hierzu: 1000 m^2 geleistet in 200 Lohnstunden (interne Baustellenmitschreibung der Kolonnen).
- Erbrachte Leistung nach Ihrer Anweisung zum ständigen Umsetzen: 2.000 m^2.
- Anstelle der kalkulierten und bisher erreichten Produktivität von 400 Lohnstunden wurden 460 Lohnstunden benötigt (interne Baustellenmitschreibung der Kolonnen). Das entspricht einem Mehraufwand für die ausgeführte Leistung von 60 Stunden.
- Das entspricht einer Produktivität von 0,23 Stunden/m^2 bzw. ergibt einen Zusatzaufwand von 0,03 Stunden/m^2

Wir rechnen nun wie folgt ab

Pos.:	Text	Menge	ME	EP in €	GP in €
11.123	xxx	3.000,00	m^2	12,00	36.000,00
Nachtrag wegen Erschwernis zur Pos. 11.123	häufiges Umsetzen gem. Ihrer Anweisung vom ... und unserer Bedenkenanmeldung vom ... Mittellohn einschl. AGK, W+G	60,00	h	40,00	2.400,00

Alternative Form der Abrechnung
Zusatzaufwand von 0,03 Stunden/m^2 x 2.000 m^2 x 40 € / h = 2.400 €

8. Beschleunigung der Arbeiten und Beschleunigungsvergütung

„... Dieser hohen wirtschaftlichen Bedeutung wird die baubetriebliche und juristische Behandlung von Beschleunigungssachverhalten häufig nicht gerecht. Der Grund hierfür liegt zum einen im fehlenden Bewusstsein der Auftragnehmer bzw. ihrer Berater davon, welcher Dokumentationsaufwand für die spätere Durchsetzung von Ansprüchen von Beginn der Baumaßnahme an erforderlich ist. Zum anderen ist auch eine fehlende Bereitschaft von Juristen festzustellen, sich den stark baubetrieblich geprägten Sachverhalten in der gebotenen Intensität und mit der erforderlichen juristischen Sorgfalt anzunehmen. Damit wird die Durchsetzung an sich gerechtfertigter Ansprüche des Auftragnehmers nicht selten ernsthaft gefährdet, wenn nicht sogar endgültig vereitelt.“
Steiner, Martin; Die Beschleunigung von Bauabläufen; IBR online

Aufgrund von Störungen des Bauablaufes wird häufig nach Möglichkeiten gesucht, einzelne Arbeiten zu beschleunigen.

Beispiele für vereinbarte oder angeordnete Beschleunigungen der Arbeiten.

Sollablauf		
Varianten des Ist- Ablaufes (Beschleunigung)		
1	Beschleunigung durch einfache Kapazitätsverstärkung *Kosten für Produktivitätsabfall und Überstunden*	
2	Beschleunigung mit neuem Termin	
3	Beschleunigung durch doppelte Kapazität *ggf. „gegenläufige“ Arbeit*	A B
4	Beschleunigung in den Teilabschnitten *zusätzliche Ansprüche aus Unterbrechung*	
5	Beschleunigung nach verspätetem Beginn	
►	Beschleunigung durch: zusätzliche Kapazitäten, intensivere Nutzung der Kapazitäten durch Überstunden, Schicht- und Wochenendarbeit, Änderung der Bauverfahren.	

Wer hat die Ursache gesetzt	Ursache		Konsequenzen
Leistungen anderer Unternehmer werden nicht planmäßig fertig	Verzug	mit Verschulden	AG kann Kosten beim Verursacher geltend machen. Separate Teilschlussrechnung kann ggf. vom AG gefordert werden.
		ohne Verschulden (z.B. ungewöhnliche Witterungsverhältnisse)	Risiko des AG
	Mehrmengen	Varianten: vom AG gefordert oder Entwicklung aus der Notwendigkeit der Baustelle	Die Auswirkungen muss sich der AG anrechnen lassen
	zusätzliche Leistungen		
	geänderte Leistung		
eigene Leistungen des Unternehmers behindert (ohne Verschulden des AN)	verspäteter Beginn	Schaden aus „Nichtnutzung" der Geräte	immer Kombination der Ansprüche (Behinderung bzw. Leistungsänderung + Beschleunigung)
	Unterbrechung	zusätzliche Kosten für Vorhalten und Sicherung	
	Mehrmengen in gleicher Zeit	Zunächst Ansprüche aus Leistungsänderung + ggf. Beschleunigung	
	zusätzliche Leistungen in gleicher Zeit		
	Gefahrenabwehr	Geschäftsführung ohne Auftrag	unverzüglich anzeigen und Vergütungsanspruch den Grunde nach ankündigen
Planer und Bauleitung des Auftraggebers	Ablaufplanung falsch oder unvollständig	Immer Darstellung des Sollablaufes und Gegenüberstellung des Istablaufes durch Störung und Istablauf durch Beschleunigung. Kombination aus behinderungsbedingten Mehrkosten und Beschleunigungskosten möglich.	AG kann Kosten beim Verursacher geltend machen. Separate Teilschlussrechnung kann ggf. vom AG gefordert werden.
	Koordinierungsfehler/-mängel der Bauleitung		

1. Den Bauablauf **entscheidend beeinflussende unvorhersehbare Mehrmengen, die eine Einheitspreisänderung nach § 2 Nr. 3 VOB/B begründen, können eine Verlängerung der Ausführungsfristen nach sich ziehen.**
2. Änderungen des Bauentwurfs (VOB/B § 1 Nr. 3) können ebenfalls zu einer Verlängerung der Ausführungsfristen führen, weil die Ausübung des Eingriffsrechts des Auftraggebers ein seinem Risikobereich zuzuordnender Umstand ist. In diesem Fall ist der neue Preis nach § 2 Nr. 5 VOB/B unter Berücksichtigung der (bauzeitabhängigen) Mehr- oder Minderkosten zu vereinbaren. ...
4. **Kommt der Auftragnehmer einer ihm zumutbaren Beschleunigungsanordnung des Auftraggebers nach und führt er die angeordneten Maßnahmen durch, hat er Anspruch auf Mehrvergütung nach § 2 Nr. 5 oder Nr. 6 VOB/B.**
OLG Dresden, Urteil vom 09.01.2013 - 1 U 1554/09 (aus IBR)

Grundsätze für die Beschleunigungsvergütung

1. Eine Beschleunigungsvergütung durch den AG an den AN setzt voraus, dass der AN den zu kompensierenden Zeitverlust nicht zu vertreten hat.
2. Ist die Beschleunigung aufgrund von hindernden Umständen für die Arbeiten des AN (die der AG zu vertreten hat) notwendig oder gewünscht, kann die Beschleunigungsvergütung als Schadenersatz aufgrund der Behinderungen oder als Mehrvergütungsanspruch (Werklohn) eingeordnet werden. Die Begründung und Durchsetzung von Mehrvergütungsansprüchen ist in der Baupraxis häufig einfacher als die Begründung und Durchsetzung von Schadenersatzansprüchen.
3. Wird vom AN eine Vergütung für die Beschleunigung der Arbeiten erwartet, hat der AG die **echte Wahlmöglichkeit**, die Mehrkosten der Beschleunigung oder die Mehrkosten aus Bauzeitverzögerung zu tragen. Damit ist die Beschleunigung eine Alternative für die Ausführung.
4. Die Vergütung für Beschleunigung sollte im Regelfall unter den Kosten einer Bauzeitverlängerung liegen.
5. Beschleunigt der AN die Arbeiten „von sich aus“, kann er keine zusätzliche Vergütung verlangen.
6. Die Beschleunigung kann in der Praxis nicht beliebig erfolgen. Das neue Terminziel (durch Beschleunigung) kann zwischen dem ursprünglich geplanten Terminziel und dem Termin ohne Beschleunigung liegen.
7. Beschleunigungsmaßnahmen haben nicht immer einen proportionalen Zusammenhang von Maßnahmen und Wirkung (doppelte Kapazität entspricht nicht automatisch halbe Zeit).
8. Für den neuen Termin (durch Beschleunigung) kann eine pauschale Vertragsstrafe neu vereinbart werden.

Vor der Bestimmung der Beschleunigungsvergütung ist eine bauablaufbezogene Darstellung notwendig

Darstellung des Sollablaufes und des voraussichtlichen Fertigstellungstermins nach Störung

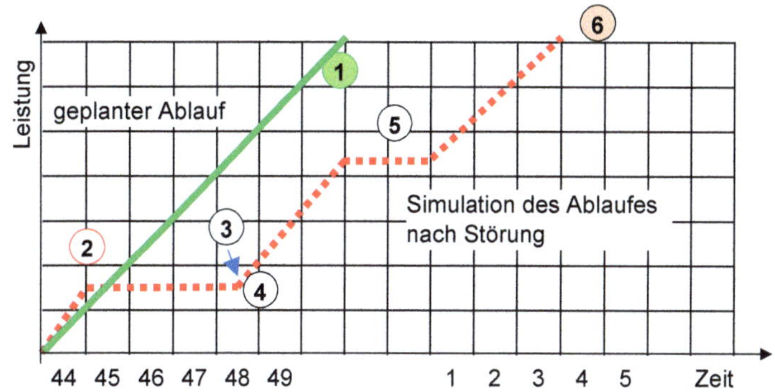

1. vorgesehener Fertigstellungstermin
2. Behinderung der Arbeiten
3. Ende der Behinderung
4. Wiederaufnahme der Arbeiten
5. Weihnachten und Arbeitsruhe bis Anfang Neujahr
6. Neuer Fertigstellungstermin (ohne Störung aus Witterungseinflüssen)

Darstellung des Sollablaufes und des möglichen Ablaufes bei Beschleunigung der Arbeiten

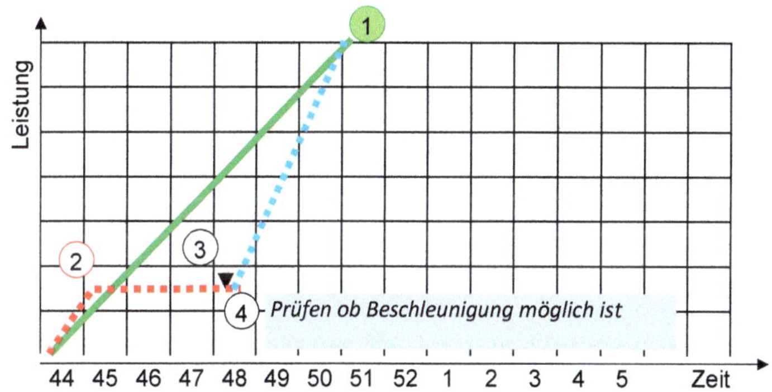

1. Vorgesehener Fertigstellungstermin
2. Behinderung
3. Ende der Behinderung
4. Wiederaufnahme der Arbeiten

Auf Anforderung des AG muss der AN einen Kostenvergleich der Ablaufvarianten erstellen.

<u>Eine Vergütung für Beschleunigung setzt voraus:</u>

1. **Anordnung des Auftraggebers** (nach BGB in Textform)

   <u>oder</u>

2. **Vereinbarung zur Vergütung** der Beschleunigungskosten (Preisvereinbarung vor Beschleunigung oder Vereinbarung zur Art der Nachweise am Ende)

   <u>oder</u>

3. **„Geschäftsführung ohne Auftrag“** (zur Schadensminderung mit unverzüglicher Anzeige,).

8.1 Anordnung des Auftraggebers als Anspruchsgrundlage

Anordnung ohne vorherige Verhandlung	Anordnung aufgrund eines Nachtragsangebotes durch den AN	
▼	▼	▼
„Auftragsbestätigung“ mit Ankündigung des Vergütungsanspruches und möglichst aufführen, wie kalkuliert wird (Verfahren und Stammdaten)	Einigung über die Vergütung (häufig nur mündlich)	keine Einigung über die Vergütung
	▼	▼
	unbedingt den Hergang schriftlich zusammenfassen und in der Art einer Auftragsbestätigung formulieren	Anordnung in „Textform“ herbeiführen und Kalkulation nach BGB 650 b + c

Anwendbarkeit der VOB/B

VOB/B § 2 (5) Werden durch Änderung des Bauentwurfs <u>oder andere Anordnungen des Auftraggebers</u> die Grundlagen des Preises für eine im Vertrag vorgesehene Leistung geändert, so ist ein neuer Preis unter Berücksichtigung der Mehr- oder Minderkosten zu vereinbaren. <u>Die Vereinbarung soll vor der Ausführung getroffen werden.</u>

Ankündigung des Vergütungsanspruches nach VOB/B § 2 Abs. 5 für die Beschleunigung der Arbeiten

Sehr geehrte Damen und Herren,

in der Beratung/Baustellenbegehung am .... haben Sie uns aufgefordert, folgende Beschleunigungsmaßnahmen durchzuführen.

Leistungen: ....

Wir haben den Auftrag angenommen.

- ☐ Eine Vergütungsvereinbarung soll nach dem Wortlaut der VOB/B § 2 Abs. 5 vor der Ausführung getroffen werden. Wir bitte Sie deshalb unser beiliegendes Nachtragsangebot bis zum ….. zu bestätigen, damit nicht zusätzliche Behinderungen wegen fehlender Entscheidungen entstehen.
- ☐ Eine, wie in der VOB/B § 2 Abs. 5 vorgesehene, Vereinbarung zur Vergütung war aufgrund der von Ihnen erklärten Eilbedürftigkeit nicht möglich. Hiermit kündigen wir unseren Vergütungsanspruch dem Grunde nach an. Die genaue Höhe werden wir Ihnen mitteilen, sobald uns das möglich ist.

Noch unsichere Anwendung der BGB für die Nachtragskalkulation nach BGB 650 b + c

BGB § 650 b
(1) Begehrt der Besteller
1. eine ***Änderung des vereinbarten Werkerfolgs*** *(§ 631 Absatz 2)*
oder
2. eine ***Änderung, die zur Erreichung des vereinbarten Werkerfolgs notwendig*** *ist, ...*

In der Baubetriebslehre bezieht sich der Werkerfolg auf:

- **Kosten,**
- **Termin,**
- **Qualität.**

Damit wäre eine Beschleunigung eine Möglichkeit die Einhaltung oder Veränderung eines Termines als Teil des Werkerfolges einzuordnen. Die Rechtsprechung hat sich zu dieser Betrachtungsweise im Zusammenhang mit BGB 650 b nur vage geäußert. Es erscheint aber durchaus möglich, die Grundgedanken dieses Paragraphen auf die Beschleunigungsvergütung anzuwenden und nach BGB § 650 c zu kalkulieren.

BGB § 650c Vergütungsanpassung bei Anordnungen nach § 650b Absatz 2
(1) Die Höhe des Vergütungsanspruchs für den infolge einer Anordnung des Bestellers nach § 650b Absatz 2 vermehrten oder verminderten Aufwand ist nach ***den tatsächlich erforderlichen Kosten mit angemessenen Zuschlägen für allgemeine Geschäftskosten, Wagnis und Gewinn zu ermitteln.*** *...*
(2) Der Unternehmer kann zur Berechnung der ***Vergütung für den Nachtrag auf die Ansätze in einer vereinbarungsgemäß hinterlegten Urkalkulation zurückgreifen. Es wird vermutet, dass die auf Basis der Urkalkulation fortgeschriebene Vergütung der Vergütung nach Absatz 1 entspricht.***

Damit sind zwei Möglichkeiten der Nachtragsberechnung, nämlich

1. tatsächlich erforderliche Kosten und angemessene Zuschläge für AGK, Wagnis und Gewinn,
2. Fortschreibung der Werte aus der (hinterlegten) Urkalkulation

möglich.

1. Unternehmer unterbreitet Angebot aufgrund des Änderungswunsches des Auftraggebers
2. AN und AG erzielen keine Einigung
3. AG ordnet die Leistung an und sie ist für den AN zumutbar

→ AN kalkuliert tatsächlich erforderliche Kosten + angemessene Zuschläge, (BGB § 650c, Abs. 1)

oder

→ AN greift auf die Werte der hinterlegten (oder „schlüssig dargelegten") **Urkalkulation** zurück (BGB § 650c, Abs. 2)

Was ggf. In der Urkalkulation zu Behinderungsfolgen und zur Beschleunigungsvergütung hinterlegen.

Allgemeiner Teil (unabhängig vom Projekt)	• Kalkulationsverfahren • **wesentliche Stammdaten mit Datumsbezug** (zur Berücksichtigung von Lohn- und Materialpreissteigerungen) • **Art der Umlage der AGK** • Zuschläge für Kleinmengen • zusätzliche nicht kalkulierte Fahrtkosten • **Zeitzuschläge für Verschiebung in ungünstige Jahreszeit** • **Zeitzuschläge für Produktivitätsabfall** (Überstunden, Kolonnengröße, häufiges Umsetzen) • **Zusätzliche Koordinierungskosten der Bauleitung bei gestörtem Bauablauf** • **Wagniszuschläge nach Vertragsabschluss** bei Zahlungsverzug, chaotische Bauleitung des AG u.ä.
Spezielle Kosten im Projekt, die nicht in den Stammdaten bzw. im allgemeinen Teil enthalten sind	• % BGL-Satz • spezielle Zuschläge für Anfahrt, BE, Jahreszeit • Annahmen zum Bauinhalt • Annahmen zu Bauumständen (Jahreszeit, Platz für BE, Änderung der BE während der Bauzeit), • Erfahrung zum Zahlungsverzug des AG.

Zusammenfassende Hinweise:

- Der § 1 Abs. 3 der VOB/B ist bei Vereinbarung der VOB/B als AGB nicht anwendbar, da hier vom „Bauentwurf" gesprochen wird. Der Bauablauf wird davon nicht erfasst. *„VOB/B § 1 (3) Änderungen des Bauentwurfs anzuordnen, bleibt dem Auftraggeber vorbehalten."*
- Es erscheint möglich, auf der Grundlage des BGB §650 b + c auf der Grundlage einer Anordnung die Beschleunigungskosten abzurechnen (und in einer Abschlagsrechnung zu 80 % zu fordern).

8.2 Vereinbarung zur Vergütung der Beschleunigungskosten

> Der Vorteil einer Einigung über die Art der Abrechnung.
> 1. Gehen die Parteien übereinstimmend davon aus, dass die Berechnung des neuen Preises im Wege einer Fortschreibung der dem Vertrag zu Grunde liegenden Kalkulation des Auftragnehmers (und nicht anhand tatsächlicher oder üblicher Kosten) zu erfolgen hat, ist das Gericht daran gebunden.
> BGH, Urteil vom 14.03.2013 - VII ZR 142/12 (aus IBR)

1. Hat der Auftraggeber einen Nachtrag „dem Grunde nach" beauftragt, steht dem Auftragnehmer ein Anspruch auf Mehrvergütung zu. Der Frage der Erforderlichkeit dieser Leistungen ist dann nicht weiter nachzugehen.
2. Gehen die Parteien eines Bauvertrags übereinstimmend davon aus, dass sich die Höhe der Nachtragsvergütung nach den Preisansätzen in der Urkalkulation des Auftragnehmers richtet (sog. vorkalkulatorische Preisfortschreibung), ist das Gericht daran gebunden.

OLG Koblenz, Urteil vom 10.02.2016 - 5 U 1055/15 (aus IBR)

Die Parteien haben die Wahl, die Vergütung zu verschiedenen Zeitpunkten zu bestimmen:

- Kalkulation der Beschleunigung **zum Zeitpunkt der Wiederaufnahme der Arbeiten (Vorkalkulation)**. Der Wert ist endgültig und entspricht dem Vorgehen bei Angebotsbearbeitung. Es ist die Kalkulation der tatsächlich erforderlichen Kosten oder der Rückgriff auf die Urkalkulation möglich.
- **Abrechnung nach Ende der Beschleunigung.** Es sind nur die dem Unternehmer entstandenen Kosten mit angemessenen Zuschlägen für AGK Wagnis und Gewinn zu erstatten. Vorzugsweise wird auf die Urkalkulation zurückgegriffen. Wenn diese eine Unterdeckung ausweist, ist der Zuschlag gem. KG, Urteil vom 10.07.2018 - 21 U 30/17 in Höhe von 5,26 % anzuwenden.

In jedem Fall sollte aber vor Beginn der Beschleunigung Einigkeit (möglichst schriftlich) darüber erzielt werden, wie die Vergütung bestimmt wird.

8.3 Geschäftsführung ohne Auftrag

Geschäftsführung ohne Auftrag insbesondere:

- bei Gefahrenabwehr,
- wenn Stillstandskosten (Warten auf Entscheidung des AG) deutlich höher wären als Kosten der Leistung.

Keine Geschäftsführung ohne Auftrag, wenn der Auftraggeber die echte Wahlmöglichkeit zwischen zwei Alternativen hat (Kosten der Bauzeitverlängerung oder Kosten der Beschleunigung tragen).

> ***VOB/B § 2 (8)*** *1. Leistungen, die der Auftragnehmer ohne Auftrag oder unter eigenmächtiger Abweichung vom Auftrag ausführt, werden nicht vergütet. Der Auftragnehmer hat sie auf Verlangen innerhalb einer angemessenen Frist zu beseitigen; sonst kann es auf seine Kosten geschehen. Er haftet außerdem für andere Schäden, die dem Auftraggeber hieraus entstehen.*
>
> *2. Eine Vergütung steht dem Auftragnehmer jedoch zu, wenn der Auftraggeber solche Leistungen nachträglich anerkennt. Eine Vergütung steht ihm auch zu, wenn die Leistungen für die Erfüllung des Vertrags notwendig waren, dem mutmaßlichen Willen des Auftraggebers entsprachen und ihm unverzüglich angezeigt wurden. Soweit dem Auftragnehmer eine Vergütung zusteht, gelten die Berechnungsgrundlagen für geänderte oder zusätzliche Leistungen der Absätze 5 oder 6 entsprechend.*
>
> ***3. Die Vorschriften des BGB über die Geschäftsführung ohne Auftrag (§§ 677 ff. BGB) bleiben unberührt.***

▼

BGB § 677 Pflichten des Geschäftsführers
Wer ein Geschäft für einen anderen besorgt, ohne von ihm beauftragt oder ihm gegenüber sonst dazu berechtigt zu sein, hat das Geschäft so zu führen, wie das Interesse des Geschäftsherrn mit Rücksicht auf dessen wirklichen oder mutmaßlichen Willen es erfordert.

§ 680 Geschäftsführung zur Gefahrenabwehr
Bezweckt die Geschäftsführung die Abwendung einer dem Geschäftsherrn drohenden dringenden Gefahr, so hat der Geschäftsführer nur Vorsatz und grobe Fahrlässigkeit zu vertreten.

§ 681 Nebenpflichten des Geschäftsführers
Der Geschäftsführer hat die Übernahme der Geschäftsführung, sobald es tunlich ist, dem Geschäftsherrn anzuzeigen und, wenn nicht mit dem Aufschub Gefahr verbunden ist, dessen Entschließung abzuwarten. ...

§ 683 Ersatz von Aufwendungen
Entspricht die Übernahme der Geschäftsführung dem Interesse und dem wirklichen oder dem mutmaßlichen Willen des Geschäftsherrn, so kann der Geschäftsführer wie ein Beauftragter Ersatz seiner Aufwendungen verlangen. In den Fällen des § 679 steht dieser Anspruch dem Geschäftsführer zu, auch wenn die Übernahme der Geschäftsführung mit dem Willen des Geschäftsherrn in Widerspruch steht.

Anzeige der Beschleunigung der Arbeiten ....

gemäß VOB/B § 2 Abs. 8 Nr. 2 - Unverzügliche Anzeige

Sehr geehrte Damen und Herren,
wir beziehen uns auf das o.g. Bauvorhaben und teilen Ihnen pflichtgemäß unter Bezug auf VOB/B § 2 Abs. 8 Nr. 2 mit, dass wir die folgende Leistungen in eigenmächtiger Abweichung vom Vertrag und nach Ihrem mutmaßlichen Willen beschleunigt haben:...... um Schaden abzuwenden.
Leistungen: ....
Begründung
Sie waren trotz intensiver Bemühungen unsererseits weder telefonisch noch persönlich erreichbar.
Würden wir die Leistung nicht beschleunigen, so wären folgende Nachteile für Sie zu befürchten:.....................*(z.B. Behinderung der Folgegewerke)*.......................................
Weiter kündigen wir hiermit unseren Vergütungsanspruch gemäß VOB/B § 2 Abs. 8 Nr. 2 (dem Grunde nach) an. Die genaue Höhe werden wir Ihnen unverzüglich mitteilen, nachdem uns dies möglich ist.

8.4 Kalkulation der Beschleunigungsvergütung

Bei der Beschleunigung durch angeordnete / vereinbarte **Überstunden** kommen mehrere Wirkungen zum Ansatz. Das folgende Schema ließe sich (theoretisch) in der „Schleife“ zwischen dem 4. und 2. Arbeitsschritt beliebig wiederholen. In der Praxis wird im Regelfall darauf verzichtet.

Arbeitsschritt	Beispiel
1. Bestimmung der notwendigen Anzahl der Überstunden auf der Grundlage der „Normalleistung“	Beispiel: 100 Stunden als Überstunden
2. Bestimmung / Vereinbarung / Festlegung zur Anzahl der täglichen Überstunden aus der „Normalleistung“	für 5 Mitarbeiter an 10 Tagen je 2 Überstunden
3. Bestimmung der tatsächlich notwendigen Überstunden auf der Grundlage des Produktivitätsabfalles. (vereinfachte Berechnung)	9. Stunde mit 70 % Leistung = 0,3 Stunden Verlust, die zusätzlich erbracht werden müssen 10. Stunde mit 55 % Leistung = 0,45 Stunden Verlust, die zusätzlich erbracht werden müssen Summe (0,3 + 0,45) x 5 MA x 10 T = 37,5 Stunden Mehrzeit.
4. ggf. Korrektur zu Pkt. 2	hier wird darauf verzichtet
5. Bestimmung der gesamten Überstunden und Beaufschlagung der Stunden mit dem Überstundenzuschlag	Gesamte Zahl der Überstunden= 137,5

Kombination der Ansprüche aus Behinderung und Beschleunigung

Werden die Ansprüche aus Behinderung und Beschleunigung gleichzeitig geltend gemacht, ist eine eindeutige Zuordnung der Ansprüche zu den einzelnen Ursachen zwingend notwendig. Dies auch deshalb, da die Ansprüche aus hindernden Umständen unabhängig von einer Beschleunigung bestehen.

Verspäteter Beginn des Gesamtauftrages

Auftragssumme: 100.000,-€

- im Vertrag vorgesehene Ausführungszeit: 3. März bis 23. April 2014 (36 Arbeitstage)
- Ausführungszeit aufgrund Ihrer Anweisung gem. VOB/B §2 Abs. 5: 30. Oktober bis 19. Dezember 2014 (36 Arbeitstage)

1. Behinderungsbedingte Mehrkosten (Wiederholung aus Kalkulation der Behinderungsbedingten Kosten)

Im Vertrag enthaltene Kostenbestandteile, die sich aufgrund der Verschiebung der Ausführungszeit geändert haben

	Grundlage des Vertrages (netto)	Nachtragsforderung
Lohnkosten + 2,2 % (neuer Tarifabschluss)	30.000,- €	660,00 €
Stoffkosten + 2,5 % (Preissteigerung gem. ursprünglichem Händlerangebot)	40.000,- €	1.000,00€
Produktivitätsabfall aufgrund ungünstigeren Witterungsbedingungen (Außentemperaturen).	Auswirkungen auf den Lohnanteil gem. Richtwerttabelle: 8,5 % Produktivitätsabfall	Daraus resultierende Mehrkosten (Lohn) zum gestiegenen Lohnanteil: 30.660,- € x 0,085 = 2.606,10 €
Zusätzliche Koordinierungskosten	diese sind nicht mit den AGK des Vertrages abgegolten	12 Bauleiterstunden á 65,00 €/h =780,00 €
Summe behinderungsbedingte Mehrkosten		**5.046,10 €**

2. Beschleunigungskosten

- Modifizierte Bauzeit aus Produktivitätsabfall von 8,5 % bei gleichmäßigem Einsatz der MA: 36 Arbeitstage x 1,085 = 39 Arbeitstage
- Notwendige Beschleunigung aufgrund des Produktivitätsabfalls in der ungünstigen Jahreszeit: Bei einem Lohnansatz von 34,68 €/h in der Auftragskalkulation für den ursprünglich vorgesehenen Ausführungszeitraum ergaben sich aus 30.000,-€ : 34,68 €/h = 865 h gesamt. Das sind bei 3 Mitarbeitern und 8 Stunden pro Tag = 36 Tage.
- Die Beschleunigung erfolgt vereinbarungsgemäß durch angeordnete Überstunden.
  3 Arbeitstage x 3 Mitarbeiter x 8 h / Tag = 72 Überstunden.
  Bei einer Verteilung der Überstunden auf 3 MA ergeben sich 24 Überstunden je MA. Diese werden zu Ihren Gunsten täglich mit 1 Stunde angesetzt (geringster

Produktivitätsabfall von 36 % in der neunten Stunde) für diesen müssen zusätzliche Stunden geleistet werden,

72 h x 1,36 = 98 h (Überstunden effektiv) entspricht Überstunden an 33 Tagen

Nachtragsforderung aus Überstunden zur Einhaltung der gewünschten Bauzeit
98 (Über-)Stunden x 34,68 €/h x 1,022 für Lohnerhöhung = 3.473,41 €
+ 3.473,41 x 0,25 Überstundenzuschlag (25 %) = 868,35 €
Zwischensumme 4.341,76 €

Nachtragsforderung aus	
Steigerung der Lohnkosten aufgrund eines höheren Tarifabschlusses	660,00 €
Steigerung der Stoffkosten gem. Händlerangebot	1.000,00 €
Produktivitätsabfall durch Verschiebung in eine ungünstigere Jahreszeit (einschl. Berücksichtigung der gestiegenen Lohnkosten je Stunde)	2.606,10 €
zusätzliche Koordinierungskosten	780,00 €
Angeordnete Beschleunigung durch Überstunden gem. o.a. Rechnung	4.341,76 €
Behinderungsbedingte Kosten und Beschleunigungskosten gesamt	**9.387,86 €**

Alle anderen Beschleunigungskosten (Mehreinsatz der Maschinen und Geräte) können auf der Grundlage

- der tatsächlich erforderlichen Kosten und angemessenen Zuschlägen für AGK, Wagnis und Gewinn
  oder
- der Urkalkulation

kalkuliert werden.

Die „110 % - Regel" der VOB/B § 2 Abs. 3 trifft hier nicht zu.

9 Ausgewählte Musterbriefe

Der modifizierte Bauablauf kann nur nachvollziehbar dargestellt werden, wenn eindeutig klar ist, wann die Arbeiten fortgesetzt wurden. Dem Unternehmer steht ein Zuschlag für die Wiederaufnahme der Arbeiten zu. Mit einem solchen Schreiben kommt der Unternehmer ggf. der „Ungeduld“ des Auftraggeber zuvor.

Beispiel für einseitige Erklärung (kein Kaufmännisches Bestätigungsschreiben, da keine Vereinbarung vorangegangen ist).

Behinderung - Mitteilung zur Wiederaufnahme der Arbeiten

Sehr geehrte Damen und Herren,
am .... hatten wir Ihnen wegen der Behinderung .... mitgeteilt, die Arbeiten ab .... eingestellt zu haben.
Auf Ihr Schreiben vom .... , in dem Sie die Beseitigung der hindernden Umstände zum .... erklärt haben, benachrichtigen wir Sie hiermit über die Wiederaufnahme unserer Arbeiten (VOB/B § 6 Abs. 3).

❑ Wir haben unsere Arbeiten am .... aufgenommen

❑ Wir werden unsere Arbeiten am .... wieder aufnehmen.

Beispiel für eilbedürftige Information (möglichst am Tag der Ausführung oder Folgetag dem AG zustellen) Per FAX oder Mail vorab.

Anzeige der Ausführung notwendiger Arbeiten
gemäß VOB/B § 2 Abs. 8 Nr. 2 - Unverzügliche Anzeige

Sehr geehrte Damen und Herren,
wir beziehen uns auf das o.g. Bauvorhaben und teilen Ihnen pflichtgemäß unter Bezug auf VOB/B § 2 Abs. 8 Nr. 2 mit, dass wir folgende Leistungen in eigenmächtiger Abweichung vom Vertrag und nach Ihrem mutmaßlichen Willen bis zum .... erbringen werden / mussten *), um Schaden von dem Objekt abzuwenden.
Leistungen: ....
Begründung
Sie waren trotz intensiver Bemühungen unsererseits weder telefonisch noch persönlich erreichbar.
Würden wir die Leistung nicht durchführen, so wären folgende Nachteile zu befürchten: ....
Weiter kündigen wir hiermit unseren Vergütungsanspruch gemäß VOB/B § 2 Abs. 8 Nr. 2 (dem Grunde nach) an. Die genaue Höhe werden wir Ihnen unverzüglich mitteilen, nachdem uns dies möglich ist.

o Gleichzeitig beanspruchen wir eine Verlängerung der Bauzeit um .... Werktage.

o Ob die Ausführung dieser notwendigen Arbeit einen Einfluss auf die Bauzeit hat, können wir noch nicht abschätzen.

Besonderheiten im Schriftverkehr mit dem Verbraucher

KEINE Bezüge zur VOB/B aber ggf. die Begriffe aus der VOB/B verwenden, wenn diese verständlicher sind als die Begriffe im BGB. Auf die Nennung der Paragrafen kann verzichtet werden (bringt ggf. unnötige Spannung in das Vertragsverhältnis).

Behinderung im Baubeginn (BGB § 642)

Sehr geehrte Damen und Herren,

o nach dem Bauvertrag vom ....

o nach Ihrer Aufforderung vom ....

sollten wir unsere Arbeiten am .... aufnehmen.

Dies ist uns aus folgenden Gründen nicht möglich.

- o Eine genehmigte Planung liegt nicht vor. Ohne Baugenehmigung ist eine Arbeitsaufnahme nicht möglich.
- o Es fehlen für die Durchführung folgender Leistungen die Werkpläne ....
- o Die für die Aufnahme unserer Leistung erforderlichen Vorarbeiten der Firma .... sind
  - ❍ noch nicht erbracht
  - ❍ unvollständig
  - ❍ mangelhaft
- o Unser Vorleistungsrisiko ist nicht ausreichend gesichert. Mit Schreiben vom..........hatten wir Sie gebeten uns eine Sicherheit zu stellen. Dies ist bis heute noch nicht erfolgt.
- o Folgende Behinderungen liegen vor ....
- o Es herrschen ungewöhnliche Witterungseinflüsse, mit denen bei Angebotsabgabe nicht gerechnet werden konnte.

Wir machen darauf aufmerksam, dass darauf zurückzuführende Verzögerungen in unserer Leistung nicht zu unseren Lasten gehen können und sich die Ausführungsfristen verlängern. Die Fristverlängerung berechnet sich aus der Behinderungsdauer, einem Zuschlag für die Wiederaufnahme der Arbeiten und der etwaigen Verschiebung in eine ungünstigere Jahreszeit.

Zugleich machen wir darauf aufmerksam, dass uns ein Anspruch auf Preisänderung (BGB § 642) oder ein Schadensersatzanspruch nach den gesetzlichen Bestimmungen zustehen kann. Wir werden uns jedoch bemühen, durch anderweitigen Einsatz unserer Kapazitäten den Schaden so gering wie möglich zu halten.

Bitte teilen sie uns unverzüglich mit, wenn die hindernden Umstände weggefallen sind.

Beim Verbraucher sind die einzelnen Wirkungen abschließend darzustellen. Wenn dies nicht möglich ist, sind zumindest die Kalkulationsansätze zu nennen. (brutto!)

Behinderung -
Ersatz der behinderungsbedingten Mehraufwendungen/des Schadens

Sehr geehrte Damen und Herren,

am .... hatten wir Ihnen die Behinderung unserer Arbeiten angezeigt.
Mit Schreiben vom .... haben wir Ihnen die Wiederaufnahme unserer Arbeiten ab .... erklärt.
Durch die Behinderung sind uns folgende Mehraufwendungen/Schäden entstanden, die vom Auftraggeber zu ersetzen sind.

1. Beschleunigungskosten zur Wahrung der Baufristen (s.a. Anlage ....)
   Mehraufwendungen durch vermehrten Personaleinsatz.................................
   Mehraufwendungen durch vermehrten Geräteeinsatz:..................................
   Sonstige Beschleunigungskosten:...
2. Stillstandskosten
   Geräte: .... in der Zeit von .... bis ....
   Sonstige Stillstandskosten: ....
3. Mehrkosten wegen verlängerter Bauzeit
   Bauzeitverlängerung um: ....
   Hierdurch entstanden folgende Mehrkosten:...
   Baustellenkosten: ....
   Gerätekosten: ....
   Materialkosten: ....
   Lohnkosten: ....
   Gemeinkosten: ....
4. Sonstige Aufwendungen ....
5. Sonstige Schäden ....
6. Entgangener Gewinn ....

Wir melden hiermit unseren Vergütungsanspruch für die o.g. Kosten an.

Ihre Anweisung zur Änderung der Bauzeit

(Bitte Kopie dieses Schreibens mit Bestätigung bis zum .... zurückschicken)

Sehr geehrte Damen und Herren,

Sie haben uns am .... mitgeteilt, dass die vertraglich vorgesehene Leistung in einer anderen Jahreszeit ausgeführt wird, als ursprünglich vereinbart.

Wir sind bei der Kalkulation der Leistungen, die Grundlage für den Vertragsabschluss war, von Schutzmaßnahmen für unsere Leistung ausgegangen, die für den ursprünglich vorgesehenen Leistungszeitraum ausreichend waren. Durch Ihre Änderungsanordnung sind diese Schutzmaßnahmen

- länger als ursprünglich vorgesehen vorzuhalten *)
- nicht mehr ausreichend und durch folgende Maßnahmen zu ergänzen .... *)
- ......

Unter Berücksichtigung von Mehr- und Minderkosten bieten wir Ihnen die Leistung nunmehr wie folgt an: ....

Erteilen Sie bitte Ihre Zustimmung durch Unterzeichnung und Rückleitung der Kopie dieses Schreibens bis .... damit keine zusätzlichen Behinderungen wegen fehlender Entscheidungen entstehen.

Mit freundlichem Gruß

Unterschrift

....

Bestätigung:

....

Unterschrift

*) Nichtzutreffendes bitte streichen

Im Geschäftsverkehr kann es aus Gründen eines guten Klimas ggf. sinnvoll, beim Privatkunden notwendig, da er den voraussichtlichen Lauf nicht abschätzen kann.

Zu erwartende (voraussichtliche) Behinderung der Ausführung (BGB § 642)

Sehr geehrte Damen und Herren,
wir beziehen uns auf das o.g. Objekt und teilen Ihnen mit, dass absehbar ist, dass wir in der Ausführung unserer Leistungen behindert werden.
Begründung ....
Behinderte Leistungen ....

Wir bitten Sie, uns schriftlich bis zum .... (Datum, Uhrzeit) mitzuteilen, welche Maßnahmen von Ihnen ergriffen werden, um die absehbaren hindernden Umstände zu beseitigen.
Sollten wir bis zum .... keine entsprechende Mitteilung von Ihnen erhalten oder die Behinderungen der Arbeiten bis zum vorgenannten Datum behoben sein, müssen die Arbeiten spätestens am .... eingestellt werden.
Wir machen darauf aufmerksam, dass darauf zurückzuführende Verzögerungen in unserer Leistung nicht zu unseren Lasten gehen können und sich die Ausführungsfristen verlängern.
Die Fristverlängerung berechnet sich nach der Behinderungsdauer, einem Zuschlag für die Wiederaufnahme der Arbeiten und der etwaigen Verschiebung in eine ungünstigere Jahreszeit.
Wir weisen Sie schon jetzt darauf hin, dass die entstehenden Kosten, einschließlich der Kosten aus Bauzeitverlängerung, bei Ihnen geltend gemacht werden müssen. Diese können noch nicht abschließend kalkuliert werden. Sie setzen sich aus folgenden Kostenbestandteilen zusammen:

- □ verlängertes Vorhalten der Baustelleneinrichtung .... €/Tag
- □ zusätzliche Schutzmaßnahmen für bereits begonnenen Leistungsteile (bei Bedarf) .....
- □ Zeitverlust für das Umsetzen der Mitarbeiter .... €/Stunde und Mitarbeiter
- □ ....
- □ ....

Wir werden uns jedoch bemühen, durch anderweitigen Einsatz unserer Kapazitäten den Schaden so gering wie möglich zu halten.

In anderer Form sind auch zu erwartende hindernde Umstände anzuzeigen, auf deren Beseitigung der Auftraggeber keinen Einfluss hat. Beispiel: Untergrund ist zu feucht um einen Fußbodenbelag zu verlegen.

Beispiel: Beim Verbraucher können die Formulierungen und Gedanken aus der VOB/B genutzt werden, da diese einfacher zu verstehen sind. Die Bestimmung der Fristverlängerung muss für den Verbraucher nachvollziehbar und gut verständlich sein.

Behinderung - Vereinbarung der neuen Ausführungsfrist

Sehr geehrte Damen und Herren,
am .... hatten wir Ihnen die Behinderung unserer Arbeiten angezeigt.
Mit Schreiben vom .... haben wir Ihnen die Wiederaufnahme unserer Arbeiten ab .... erklärt.
Wir haben angesichts dieser Ihnen bekannten Umstände einen Anspruch auf Fristverlängerung. Diese bestimmt sich nach der Dauer der Behinderung, einem Zuschlag für die Wiederaufnahme der Arbeiten und einem weiteren Zuschlag für eine etwaige Verschiebung in eine ungünstige Jahreszeit.

Wir beanspruchen eine Fristverlängerung um .... und begründen dies wie folgt:

1. Die Behinderung belief sich auf .... Tage/Wochen. *)
2. Der Zuschlag für die Wiederaufnahme unserer Arbeiten ist mit .... Arbeitstagen/Wochen *) anzusetzen.
   Begründung hierfür ....
3. Uns steht wegen der Verschiebung in .... (ungünstige Jahreszeit) ein weiterer Zuschlag von ca. .... Tagen/Wochen *) zu.
   Begründung hierfür: Unsere Arbeiten setzen eine Umgebungs-/Untergrundtemperatur von .... voraus, was voraussichtlich erst in der .... KW zu erreichen ist. Sollten ungewöhnliche Witterungsbedingungen herrschen, verlängert sich dieser Zuschlag.
4. Sonstige Begründung: ....

*) Nichtzutreffendes bitte streichen

Literatur (Auswahl)

(Entgegen üblichen Zitiervorschriften enthält das folgende Literaturverzeichnis keine Jahresangaben bzw. Auflagennummern. Für das Selbststudium und die Anwendung in der Praxis ist möglichst immer die letzte Auflage, bzw. die Auflage, die sich auf den Vertragsabschluss bezieht, zu nutzen. Deshalb sind hier häufig keine Jahreszahlen angegeben.)

Gesetzesmaterialien und Regelwerke zum deutschen Vergaberecht

- Verdingungsordnung für Leistungen (VOL)
- Verdingungsordnung für freiberufliche Leistungen (VOF)
- Vergabe- und Vertragsordnung für Bauleistungen (VOB)
- Vergabehandbuch des Bundes

Quellen und weiterführende Literatur

1. Bauer,H.: Baubetrieb , Berlin + Heidelberg: Springer Verlag
2. Breuninger, Bernhard: Prozesskostenmanagement in Bauunternehmen; Wiesbaden;
3. Bürgerliches Gesetzbuch (BGB)
4. Drees, Gerhard; Paul, Wolfgang, Kalkulation von Baupreisen, Berlin, Bauwerk-Verlag
5. Drittler, Matthias: Nachträge und Nachtragsprüfung. Werner Verlag 2013
6. Frikell, E.; Hofmann, O.; Die VOB in Formularen, Stamsried
7. VOB/B – Beck´scher VOB-Kommentar; Hrsg. Ganten u.a. München
8. Genschow, Claus; Stelter, Oliver: Störungen im Bauablauf, Köln
9. Glatzel, L.; Hofmann,O.; Frikell E. Unwirksame Bauvertragsklauseln nach dem AGB-Gesetz, Stamsried (ab 10. Auflage nutzen)
10. Gralla, Mike: Baubetriebslehre – Bauprozessmanagement, Köln 2011
11. Greiner, Peter u.a.: Baubetriebslehre – Projektmanagement; Braunschweig
12. Heiermann, W.; Riedl, R.; Rusam, M.; Handkommentar zur VOB, Wiesbaden und Berlin
13. Hofmann, O.; Koppmann, W.; Die neue Bauhandwerkersicherung, Stamsried
14. IBR, Immobilien- & Baurecht, Zeitschrift, Mannheim, id-Verlags GmbH (als Quelle für die zitierten Urteile)
15. Kapellmann, K. D.; Schiffers K.-H. Vergütung, Nachträge und Behinderungsfolgen beim Bauvertrag (Bd. 1 + 2), Düsseldorf
16. Kniffka (Hrsg.), IBR-online.Kommentar Bauvertragsrecht
17. Koß, Erich; Herkömmlich bauen - Rationell bauen, Frankfurt 1994
18. Lang, Andreas; Ein Verfahren zur Bewertung von Bauablaufstörungen und zur Projektsteuerung, Düsseldorf 1988
19. Lehmann; Praktische Arbeitsphysiologie, Stuttgart, 1962
20. Leitfaden zur Vergütung bei Nachträgen im Vergabehandbuch des Bundes und der Länder
21. Locher, H.; Das private Baurecht, München
22. Management Zentrum St. Gallen (MZSG), Seminarunterlagen der Management Summer School
23. Nagel, Ulrich; Baustellenmanagement, Berlin
24. Nagel, U. u.a.: Baustellenorganisation, Berlin: Cornelsen-Verlag
25. Nagel, Ulrich, Forderungen sichern und durchsetzen, Bauwerk – Verlag / Beuth
26. Nagel, Ulrich; Bauen ist eine Lust, Sprüche, Gedichte, Lieder und Bräuche vom Bauen, Beuth – Verlag
27. Pfarr, Karlheinz ; Grundlagen der Bauwirtschaft, Essen
28. Quack, F.; Grundlagen des privaten Baurechts, Köln
29. Rodde, Nina; u.a. Gemeinkosten in vertraglicher Mehrleistung und Bauzeitennachtrag- Doppelvergütungsrisiko für den Bauherrn; ZfBR, Juli 2005;
30. Schottke, Ralf: Baubetriebswirtschaft und Baurecht; Vergütungsanspruch und Nachtragskalkulation, Neustadt, 2009
31. Seifert, Werner; Praxis des Baukostenmanagements für Architekten, Ingenieure und Bauherren, Düsseldorf 2001
32. Speer, U.: Bauaufträge mit Gewinn, Köln: R. Müller – Verlag
33. Bauleitung und Projektmanagement für Architekten und Ingenieure, Herausgeber: Rösch, Wolfgang, Augsburg 1996

34. Vergabe- und Vertragsordnung für Bauleistungen; Beck-Texte, München
35. Vergaberecht, Beck – Texte im dtv
36. Vygen, Klaus u.a. Bauverzögerung und Leistungsänderung, Köln 2011
37. Wirth, Axel; Handbuch der Vertragsgestaltung, Vertragsabwicklung und Prozessführung im privaten und öffentlichen Baurecht; Düsseldorf
38. Zentralverb. des dt. Baugewerbes, BAUORG, Unternehmerhandbuch für Bauorganisation, Berlin

Diese Reihe umfasst die Bücher

- **Nachtragsmanagement in Bauprojekten -Teil 1**
  Nachträge begründen und das zutreffende Vergütungsniveau bestimmen
  ISBN: 978-3-6963-5351-3

- **Nachtragsmanagement in Bauprojekten – Teil 2**
  Nachtragsvergütung für den Bauinhalt bestimmen
  ISBN: 978-3-6963-7309-2

- **Nachtragsmanagement in Bauprojekten Teil 3:**
  „Bauzeitnachträge" - Nachtragsforderungen aus Behinderung und Beschleunigung der Arbeiten
  ISBN: 978-3-6963-5689-7

Abkürzungen und Worterläuterungen

AG	Auftraggeber
AGB	Allgemeine Geschäftsbedingungen Das Recht der Allgemeinen Geschäftsbedingungen ist im BGB in den Paragrafen 305 ff. geregelt. Die jeweils aktuelle Fassung ist im Internet unter www.gesetze-im-internet.de/bgb zu finden.
AGK	Allgemeine Geschäftskosten
AN	Auftragnehmer
AZ	Abschlagszahlung
Bauinhalt	was gebaut werden soll
Bau-Ist	tatsächlich ausgeführter Bauinhalt und eingetretene Bauumstände
Bau-Soll	(zunächst) vertraglich fixierter Bauinhalt und Bauumstände
Bauumstände	unter welchen Bedingungen gebaut werden soll
BE	Baustelleneinrichtung
BG	Berufsgenossenschaft
BGB	Bürgerliches Gesetzbuch Die jeweils aktuelle Fassung ist im Internet unter www.gesetze-im-internet.de/bgb zu finden
BGK	Baustellengemeinkosten
Bindefrist	Frist in der sich der Auftragnehmer an sein Angebot gebunden fühlt; bei Ausschreibungen nach VOB/A gleich der Zuschlagsfrist
DVO	Durchführungsverordnung
EFB	Einheitliche Formblätter im Teil III des Vergabehandbuches
EKT	Einzelkosten der Teilleistung
EP	Einheitspreis (Preis je Mengeneinheit)
FoSiG	Forderungssicherungsgesetz
GMP	Garantierter Maximalpreis
GP	Gesamtpreis; Der Gesamtpreis je Position ergibt sich aus der Multiplikation der Menge mit dem Einheitspreis
KT	Kalendertage
LBO	Landesbauordnung
LV	Leistungsverzeichnis
MA	Mitarbeiter
UVV	Unfallverhütungsvorschrift
Verbraucher	Der Begriff ist im § 13 BGB wie folgt definiert: *Verbraucher* *Verbraucher ist jede natürliche Person, die ein Rechtsgeschäft zu Zwecken abschließt, die überwiegend weder ihrer gewerblichen noch ihrer beruflichen Tätigkeit zugerechnet werden können.*
VHB	Vergabehandbuch für die Durchführung von Bauaufgaben des Bundes im Zuständigkeitsbereich der Finanzbauverwaltungen. Im Internet kostenlos einsehbar.
VOB/A	Vergabe- und Vertragsordnung für Bauleistungen / Teil A: Allgemeine Bestimmungen für die Vergabe von Bauleistungen

VOB/B	Vergabe- und Vertragsordnung für Bauleistungen / Teil B: Allgemeine Vertragsbedingungen für die Ausführung von Bauleistungen
VOB/C	Vergabe- und Vertragsordnung für Bauleistungen / Teil C: Allgemeine Technische Vertragsbedingungen für Bauleistungen
W + G	Wagnis und Gewinn
WT	Werktage
Zuschlagsfrist	Frist in der der Auftraggeber den Auftrag erteilt. So lange muss sich der AN an sein Angebot binden

Passend zum Thema eine Buchempfehlung für Sie und Ihre Bauherren:

Bauen ist eine Lust...: Sprüche, Gedichte, Lieder und Bräuche vom Bauen zusammengetragen, sortiert und zusammengebaut von Ulrich Nagel

ISBN 978-3-410-21145-7

15,80 €

Verlag: DIN Media

Ob Grundsteinlegung, Richtfest oder Einweihung: Dieses Büchlein verleiht jeder Rede, jedem Gruß und jedem Fest - mit Witz und Weisheiten rund ums Bauen - den letzten Schliff, denn "ohne Winkel lässt sich kein Haus bauen - ohne Sprichwort keine Rede halten". Bräuche, Richtsprüche, Gedichte und Lieder vom Bauen sind in diesem Band festgehalten und humorvoll illustriert. Jeder Baufreund wird mit diesem auch bestens zum Verschenken geeigneten Titel garantiert auf seine Kosten kommen.